无损检测人员取证培训教材

数字射线检测技术
第 3 版

郑世才　王晓勇　编著

机 械 工 业 出 版 社

本书内容包括概述、辐射探测器与其他器件、数字射线检测基本理论、数字射线检测基本技术、工业常用数字射线检测系统、等价性问题、实验及附录。经过本次修订，本书在内容上构成了一个基本完整的数字射线检测技术知识系统，形成了比较清楚的对Ⅱ级人员与Ⅲ级人员要求的区分界定。

本书是为射线成像检测技术Ⅱ、Ⅲ级人员编写的关于数字射线检测技术的附加培训教材，适合已经取得Ⅱ级及以上射线照相检测技术资格的人员使用。

图书在版编目（CIP）数据

数字射线检测技术/郑世才，王晓勇编著．—3版．—北京：机械工业出版社，2019.2（2023.9重印）

无损检测人员取证培训教材

ISBN 978-7-111-61980-2

Ⅰ.①数… Ⅱ.①郑…②王… Ⅲ.①数字技术-应用-射线检验-技术培训-教材 Ⅳ.①TG115.28

中国版本图书馆 CIP 数据核字（2019）第 025799 号

机械工业出版社（北京市百万庄大街22号 邮政编码100037）
策划编辑：吕德齐 责任编辑：吕德齐
责任校对：潘 蕊 封面设计：鞠 杨
责任印制：邓 博
北京盛通商印快线网络科技有限公司印刷
2023 年 9 月第 3 版第 2 次印刷
184mm×260mm · 12 印张 · 296 千字
标准书号：ISBN 978-7-111-61980-2
定价：69.00 元

前　言

　　本教材是为射线成像检测技术Ⅱ、Ⅲ级人员编写的关于数字射线检测技术的附加培训教材，因此关于射线成像检测技术的物理基础、射线源、工艺与缺陷等方面知识均不涉及。使用本教材的人员应是已经取得Ⅱ级或Ⅲ级射线照相检测技术资格的人员。

　　本教材除了未涉及简要的 CT 技术介绍外，可认为很好地覆盖了 IAEA（国际原子能机构）制定的关于工业数字射线检测技术的 RT-D 培训大纲（见 IAEA 的 2015 年 TCS-60 文件）要求。本教材已经被中国机械工程学会无损检测分会和航天工业作为无损检测人员技术资格培训的数字射线检测技术培训教材。

　　关于数字射线检测技术，本培训教材对Ⅱ级人员设定的基本要求是：按照执行的数字射线检测技术标准，正确完成一般工件的检测工作；对Ⅲ级人员设定的基本要求是：能正确处理一般工件的数字射线检测技术问题。

　　根据培训使用情况，这次修订对第 2 版进行了较多方面的修改、补充，主要包括下列六个方面：①删除了原第 1 章物理基础内容，重新编写为概括介绍数字射线检测技术的概述；考虑到目前制定的数字射线检测技术标准正处于不断修改、更新的状态，删除了原第 7 章介绍标准规定内容。②依据作者及其他科研人员的研究成果，新编写了一些重要内容，包括第 3.4 节的细节识别基本理论，第 4.3.3 节透照技术的源到工件表面距离处理（几乎国内外目前全部制定的标准都未做出这方面正确或全面的规定）；补充更换了许多试验图片等。③调整结构修改原编写内容，以便清楚地界定对Ⅱ级人员的要求，主要包括第 2 章的探测器介绍、第 4 章的基本技术介绍和第 5 章的 DR 系统与 CR 系统介绍等内容。④结合实际检测技术，将实验项目扩展为 10 个，新增加了曝光曲线制作、图像软件使用、DDA 数字射线检测系统使用、CR 数字射线检测系统使用。⑤修改了附录的内容，主要删除了原附录 C，新编写了数字图像增强处理技术简介、动态数字射线检测技术、射线检测技术系统的调制传递函数等。⑥针对Ⅱ级人员培训与考核，修改了各章后的复习题与参考答案。

　　修改后的培训教材由概述、辐射探测器与其他器件、数字射线检测技术基本理论、数字射线检测基本技术、工业常用数字射线检测系统、等价性问题、实验及附录组成。可以认为，修改后的教材内容构成了一个基本完整的数字射线检测技术知识系统，形成了比较清楚的Ⅱ级人员与Ⅲ级人员要求的区分界定。

　　由于标准在培训中作为单独科目进行，而且目前正处于标准短期更新与不断修改的过程，因此在培训时需要教师依据考核要求开展对适用的数字射线检测技术标准的相关教学。无论选择哪个标准，都希望能从技术系统构成角度深入理解标准的主要技术规定内涵，而不是简单地了解标准的技术规定条文。

　　本教材共编写了 10 个实验。实验内容对于Ⅱ级人员是需要掌握的知识或操作技能，应结合教学过程完成。其中实验 1 至实验 6 为演示性实验。即，前期采用摄像机记录实验过程，课堂上进行演示与相关说明，或对结果进行分析讨论；实验 7 可采用演示实验过程，提供实验数据，要求学员自己完成数据处理的方式进行；实验 8 至实验 10 为操作实习性实验，每个学员必须亲自完成（可分成小组进行）。教师可依据教学情况增加新的演示性实验或操作实习性实验。

附录供深入理解某些问题时参考。每章后面的复习题是针对 II 级人员的要求编写的。

还需要说明的是，在编写本教材过程中，没有找到可供参考的同类教材。教材的系统构成和主要内容是依据作者掌握的数字射线检测技术和对数字射线检测的理解做出的设计。尽管已经经过了小范围的使用，做了修改，但是否符合要求，还需要经过实际检验。由于作者的学识、经验限制，内容中也可能存在错误，衷心期待广大读者指正。

编　者

目　录

说明：无标记的章、节、段为Ⅱ级人员与Ⅲ级人员共同要求的内容；目录编号前加"＊"的章、节为对Ⅲ级人员要求的内容；目录标题后加"（＊）"表示该节中包括了对Ⅲ级人员要求的段落内容（正文中该段落前加"＊"）。目录编号前加"＊＊"的章、节为要求Ⅲ级人员简单了解的内容。

第1章 概 述

说明：本章对Ⅱ级人员学习的主要要求是：

1）掌握数字射线检测技术概念。

2）了解数字射线检测技术的主要改变。

3）了解数字射线检测技术标准制定的简要情况。

为后续各章内容的学习提供线索。

1.1 数字射线检测技术的发展概况

从20世纪20年代射线照相检测技术进入工业应用以来，射线检测技术的发展已有近百年的历史。在工业领域应用的射线检测技术，已经形成由射线照相检测技术（Radiography）、射线实时成像检测技术（Radioscopy）、射线层析成像检测技术（Tomography）构成的比较完整的射线无损检测技术系统。

1）射线照相检测技术包括：

① 常规胶片射线照相检测技术（获得模拟检测图像）

② IP板射线照相检测技术（CR技术）（获得数字检测图像）。

③ 面阵探测器（DDA）射线照相检测技术（获得数字检测图像）。

2）射线实时成像检测技术

① 图像增强器实时成像检测技术（获得数字检测图像）。

② 探测器（DDA）实时成像检测技术（获得数字检测图像）。

3）射线层析成像检测技术包括：

① CT层析成像检测技术（获得数字检测图像）。

② CST（康普顿散射）层析成像检测技术（获得数字检测图像）。

此外，还在探索研究新的射线检测技术，如相对比度射线检测技术（PCRT技术）等。

从20世纪90年代起，普遍开始关注数字射线检测技术。简单说，数字射线检测技术（digital radiology）就是可获得数字化检测图像的射线成像检测技术。获得数字射线检测图像是数字射线检测技术的基本特征。从获得的检测图像角度，可将工业射线成像检测技术分为常规射线检测技术和数字射线检测技术。

常规射线检测技术是指采用胶片完成的射线照相检测技术。

数字射线检测技术目前可分成三个部分：直接数字化射线检测技术、间接数字化射线检测技术、后数字化射线检测技术。CT技术、CST技术是特殊的直接数字化射线检测技术，可称为层析数字射线检测技术。

直接数字化射线检测技术是指采用分立探测器阵列（数字探测器阵列）完成射线检测

的技术。分立探测器阵列（discrete - detector arrays，DDA）也称为数字探测器阵列（digital - detector arrays）。直接数字化射线检测技术包括平板（面阵）探测器射线成像检测技术、线阵探测器射线成像检测技术等。这些技术在辐射探测器中完成图像数字化过程，从探测器直接给出数字化的检测图像。直接数字化射线检测技术采用 DR（direct radiography）表示，现在 DR（digital radiography）也常泛指数字射线检测技术。间接数字化射线检测技术的探测器（如 CR 技术的 IP 板）不完成图像数字化过程（A/D 转换），检测图像的数字化过程需要采用单独的技术单元完成。现在工业应用的是 CR 技术和采用图像增强器完成的成像检测技术。后数字化射线检测技术是指采用图像数字化扫描装置，将胶片射线照相检测技术的底片图像转换为数字检测图像的技术。

现在，日常所说的数字射线检测技术，通常仅指采用 IP 板成像的 CR 检测技术和采用 DDA 成像的 DR 检测技术。

数字图像可以方便地进行图像处理和信息传输交换。数字图像也为检测图像信息自动识别提供了基础。与常规射线照相检测技术比较，数字射线检测技术的优点之一是动态范围宽，这样可通过数字图像增强处理识别检测图像含有的更多信息。

对于数字射线检测技术，可以建立射线检测技术工作站。在检测工作现场完成图像采集，将图像传输到工作站中心，在工作站中心完成检测后期工作。图 1-1 显示了三种数字射线检测技术与工作站的关系。

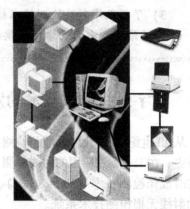

图 1-1 数字射线检测技术与工作站关系

1.2 数字射线检测技术与胶片射线检测技术的区别

图 1-2 是常规胶片射线照相检测技术系统与数字射线检测技术系统框图。从图中可见，常规胶片射线照相检测技术与数字射线检测技术物理基础相同，系统构成部分相同。其不同

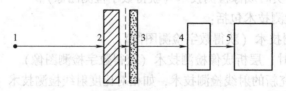

a) 胶片射线照相检测技术系统

1—射线源 2—工件 3—胶片 4—暗室处理 5—显示与观察单元

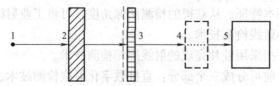

b) 数字射线检测技术系统

1—射线源 2—工件 3—辐射探测器 4—图像数字化单元 5—显示与处理单元

图 1-2 胶片射线照相检测技术和数字射线检测技术系统框图

在于：常规胶片射线照相检测技术采用胶片探测射线信号，将射线信号转换为胶片中的潜影，形成检测图像初始信号，经暗室处理转换为可见底片图像；数字射线检测技术采用（其他类型）辐射探测器探测和转换射线信号，形成检测图像初始信号，经图像数字化过程转换为可显示的数字检测图像。

数字射线检测技术与常规胶片射线照相检测技术的基本区别可概括为：

1）采用辐射探测器代替胶片完成射线信号的探测和转换。

2）采用图像数字化技术，代替暗室处理获得数字检测图像。

1.3 数字射线检测技术基本理论

数字射线检测技术与常规胶片射线照相检测技术，由于物理基础相同，两者的技术系统构成框架也相同，基本理论体系也应相同。但数字射线检测技术还有自身特有的基本理论，主要是表征图像质量的基本参数、图像质量与技术因素的关系、细节识别基本理论、检测技术控制理论和检测图像质量控制等方面。

关于表征图像质量的基本参数，目前广泛接受的是 ASTM E2736 标准概括的图像质量基本参数——对比度、空间分辨力和信噪比（ISO 主要数字射线检测标准采用），但某些研究人员希望提出其他的表征参数。现在的研究已经给出了图像质量参数与技术因素的基本关系；国内基于眼睛识别细节特性的 Rose 定律已经建立了系统的细节识别基本理论。

关于检测技术控制理论，国内已经将图像数字化过程控制理论引入数字射线检测技术，并作为技术控制方面的重要理论。

关于检测图像质量控制，在目前制定的主要数字射线检测技术标准中，对表征检测图像质量三个基本参数——对比度、空间分辨力和信噪比做出了规定，采用常规像质计测定检测图像对比度，采用双丝型像质计测定检测图像空间分辨力（不清晰度），同时要求设计的透照参数应保证达到检测图像信噪比。

实际上，这些基本理论的建立，多数都是基于常规胶片射线照相检测技术基本理论。

1.4 等价性问题

数字射线检测技术的应用必须面对的一个基本问题是"等价性问题"。即数字射线检测技术（系统）与胶片射线照相检测技术（系统）是否具有同等缺陷检测能力。或者说，何种数字射线检测技术（系统）可以替代何种胶片射线照相检测技术（系统）。

关于等价性问题，从数字射线检测技术刚进入工业应用时就已经提出，国际焊接学会在20 世纪 80 年代中期至后期曾组织过试验研究。当时的基本结论是，尽管常规像质计灵敏度可以达到胶片射线照相检测技术的要求，但实际的缺陷检测灵敏度达不到胶片射线照相检测技术水平，特别是对于裂纹性缺陷，应用时必须从缺陷检测灵敏度考虑。国内也讨论过类似问题。

近些年，国内外主要是进行大量缺陷检测对比试验和像质计识别对比试验，讨论两种技术的缺陷检测能力问题。国内的研究以成像过程基本理论为基础，将数字射线检测技术和胶片射线照相检测技术作为成像系统，从是否构成具有同等成像质量的成像系统角度，从理论上讨论等价性问题。

国内已经给出了依据检测图像质量的三项指标同等性，判定检测技术级别等价性的简单处理方法。这解决了实际应用中的主要等价性问题——标准等价替代问题、检测技术系统等价替代问题。

1.5 数字射线检测技术标准

1999 年制定了第一个 CR 成像检测技术标准（ASTM E2033），此后，国外相继制定了一系列数字射线检测技术标准，主要标准可分为四类：导则标准、探测器系统性能标准、检测技术标准和数字图像标准，此外还有其他标准。部分主要标准如下。

ASTM E2007《CR 技术导则　光激发射荧光方法》

ASTM E2033《CR 检测技术　光激发射荧光方法》

ASTM E2445《CR 系统长期稳定性评定》

ASTM E2446《CR 系统制造特性》

ASTM E2736《数字探测器阵列射线检测技术导则》

ASTM E2597《数字探测器阵列制造特性》

ASTM E2737《数字探测器阵列性能和长期稳定性评价方法》

ASTM E2698《使用数字探测器阵列的射线检测技术》

ASTM E2422《铝铸件检验的数字标准图像》

ASTM E2660《航空用熔模钢铸件的数字标准图像》

ASTM E2669《钛铸件的数字标准图像》

ASTM E2869《镁铸件的数字标准图像》

ASTM E2973《铝镁压铸件的数字标准图像》

ISO 10893 - 7《焊接钢管数字射线检测技术》

ISO 16371 - 1《采用储存荧光成像板的工业计算机化射线照相技术第 1 部分：系统分类》

ISO 16371 - 2《采用储存荧光成像板的工业计算机化射线照相技术 第 2 部分：金属材料 X 射线和 γ 射线检测的一般原则》

ISO 17636 - 2：2013《焊接接头射线检验 第 2 部分：数字探测器 X 射线和 γ 射线检验技术》

EN 14096 - 1《射线照相底片数字化系统评定第 1 部分：定义、图像质量参数定性测量、标准片和定性控制》

EN 14096 - 2《射线照相底片数字化系统评定 第 2 部分：最低要求》

此外，从一般理论角度也应将实时成像检测技术列入数字射线检测技术。

在有关数字射线检测技术标准中，导则标准、系统性能标准需要关注的主要是美国材料试验学会标准（ASTM 标准），另外，值得关注的是国际标准化组织 2013 年发布的焊接接头数字射线检测技术标准 ISO 17636 - 2：2013 和欧洲关于底片数字化的标准 EN 14096 - 1、EN 14096 - 2：2003。

应注意的是，这些标准都处于不断修改中，有的发生了很大改变，例如，ASTM E2007 补充了大量内容；有的甚至否定了原版的规定，如 ASTM E2446 标准，不仅其名称从 "CR 系统分类" 修改为 "CR 系统制造特性"，而且主要规定也做了全面修改。即使这样，对目前版本的标准，包括其主要技术规定，也不能认为都正确。实际上，在部分标准中可以清楚看到存在明显的不恰当的规定。这反映了数字射线检测技术还处于不断发展与完善的过程中。

国内的数字射线检测技术标准，基本是等同采用或参考国外标准制定的，仅个别标准是自行编制的（关于数字射线成像术语的国家标准）。到目前共发布了 10 项国家标准和 2 项行业标准，某些标准同样包含着明显的不正确规定。

复 习 题

一、选择题（将唯一正确答案的序号填在括号内）

1. 下面列出的射线检测技术系统组成中，错误的是（ ）

A. 射线照相检测技术   B. 射线实时成像检测技术

C. 射线层析成像检测技术   D. 微焦点射线检测技术

2. 下面列出的数字射线检测技术与胶片射线照相检测技术的基本差别中，正确的是（ ）

A. 采用探测器代替胶片探测射线信号   B. 采用小焦点射线源

C. 采用放大透照方式   D. 采用数字图像处理技术

3. 与胶片射线照相检测技术比较，下列数字射线检测技术带来的技术优点中，错误的是（ ）

A. 消除了污染环境的暗室处理技术

B. 可以方便地实现信息传输和交换

C. 可运用数字图像处理技术，为图像自动识别提供了新的基础

D. 可获得更高空间分辨力的数字检测图像

4. 下面列出的数字射线检测技术目前制定的主要标准类型中，错误的是（ ）

A. 导则性标准   B. 设备器材标准

C. 系统性能标准   D. 检测技术标准

二、判断题（判断下列叙述是正确的或错误的，正确的划○，错误的划×）

1. 数字射线检测技术是射线检测技术建立的基于新的物理基础的射线检测技术。（ ）

2. 数字射线检测技术理论必须解决的问题主要是数字检测图像质量表征、细节可识别性理论、图像数字化过程控制及等价性处理理论。 （ ）

3. 可认为 ISO 17636-2：2013 标准是目前值得关注的对数字射线检测技术做出了比较具体规定的标准，尽管它存在值得考虑其正确性的个别规定。 （ ）

4. 一般可认为，数字射线检测技术与胶片射线照相检测技术具有同等的缺陷检验能力。 （ ）

三、问答题

1. 简述数字射线检测技术概念。

2. 简述数字射线检测技术与胶片射线照相检测技术的差别。

3. 数字射线检测技术与胶片射线照相检测技术比较，主要优点是什么？

第2章 辐射探测器与其他器件

> **说明：** 本章对Ⅱ级人员应完成如下实验：
>
> 实验1　DDA基本空间分辨力测定；
>
> 实验2　DDA规格化（标准、归一）信噪比剂量平方根关系曲线测定。
>
> 实验的具体内容见第7章，按演示性实验进行。
>
> 关于辐射探测器的一些相关基础性知识可参阅附录A的相关内容。

2.1　辐射探测器概述

2.1.1　辐射探测器的类型(*)

辐射探测器完成射线的探测和转换，是获得射线检测图像的基本器件，也是影响获得检测图像质量的基本因素。下面介绍辐射探测器按探测原理的分类以及构成辐射探测器的某些公共部分的简要相关知识。

1. 辐射探测器按探测原理的分类

按辐射探测原理，辐射探测器可分为三类：气体辐射探测器、闪烁辐射探测器、半导体辐射探测器。

（1）气体辐射探测器　气体辐射探测器采用气体作为辐射探测介质，利用辐射使气体电离实现辐射探测。辐射与气体作用，一部分能量使气体电离，电离产生的离子对在电场作用下形成电离电流，通过测量电离电流完成对辐射的测定。图2-1给出了气体辐射探测器的探测原理。

（2）闪烁辐射探测器　闪烁辐射探测器采用闪烁体作为辐射探测介质，利用闪烁现象（光致发光过程）实现对辐射的探测。闪烁现象是指闪烁体受辐射照射引起瞬时发射可见光现象。闪烁体是探测器的基本探测介质。入射辐射与闪烁体作用时，闪烁体吸收辐射的能量，并把吸收的部分能量以可见光的形式发

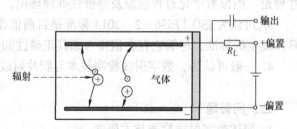

图2-1　气体辐射探测器的探测原理

射出来。将光信号转换为电信号（光电阴极受光照射发射光电子），测定电信号实现对辐射的探测。图2-2给出了闪烁辐射探测器的探测原理。

（3）半导体辐射探测器　半导体辐射探测器利用半导体作为探测介质进行辐射探测。辐射入射到半导体时，损失的能量产生大量电子–空穴对。在电场作用下，电子和空穴分别向两极漂移，在输出回路形成电信号。通过检测电信号完成对辐射的测定。半导体辐射探测器的探测原理如图2-3所示。

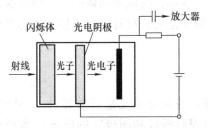

图2-2　闪烁辐射探测器的探测原理

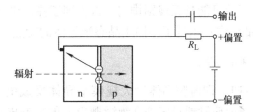

图2-3　半导体辐射探测器的探测原理

半导体辐射探测器可看作是一个探测介质为半导体的固体电离室。

在工业数字射线检测技术中实际使用的辐射探测器，一般具有复杂的结构（并不是上述的简单原理型探测器结构），常包括了射线信号的探测、转换、处理、读出等功能结构。不同结构的辐射探测器，探测的具体过程也不同。

*2. 闪烁体

闪烁体是部分辐射探测器的基本组成部分，用于将辐射信号转换为可见光信号，提供给探测器后续结构进行转换、探测。

辐射照射可引起瞬时发射可见光的物体一般称为发光材料。发光材料以粉状细小颗粒制作探测器部件时称为荧光物质，发光材料以透明单晶体制作探测器部件时称为闪烁（晶）体。对于高能射线情况，发光材料常简单统称为闪烁体。

简单地说，闪烁体在辐射照射时的发光过程是：闪烁体吸收辐射能量，在闪烁体中产生高能电子；高能电子的部分动能在闪烁体中产生激发态；从激发态跃迁到基态释放能量，形成可见光辐射。与激励能量（射线吸收）同时的光发射称为荧光，在激励源去除后持续的光发射称为磷光。

对于辐射探测器，常用的荧光物质是硫氧化钆（铽作为激活剂）、硫化锌（银作为激活剂）、硫化锌镉（银作为激活剂）、钨酸钙等，常用的闪烁晶体是锗酸铋、碘化铯（铊作为激活剂）、氟化钙（银作为激活剂）、碘化钠（铊作为激活剂）和钨酸镉等。表2-1列出了部分材料的部分主要特性。

表2-1　常用荧光物质与闪烁晶体的主要特性

名称	化学式	密度/(g/cm^3)	发射峰值波长/nm	衰减常数[1]/μs
硫化锌	ZnS（Ag）	4.1	450	0.060
硫化锌镉	ZnCdS（Ag）	4.5	550	0.085
硫氧化钆	Gd_2O_2S（Tb）	7.3	550	480.0
锗酸铋（BGO）	$Bi_4Ge_3O_{12}$	7.13	480	0.300
碘化铯	CsI（Tl）	4.51	550	1.0

[1] 射线激发停止后光发射从最大强度降到其37%所需要的时间。

*3. 非晶态半导体

按半导体的原子排列，半导体可分为晶态半导体和非晶态半导体。

非晶态半导体不同于晶态半导体，其基本特点是原子排列短程有序、长程无序。实验证明，非晶态半导体中每个原子周围的最邻近原子排列有规则，与同质晶体一样。但从次邻近原子开始可能是无规则排列，这不同于晶态半导体的原子排列长程有序。这使非晶态半导体（能带结构）出现了不同于晶态半导体的特点。

*4. TFT

TFT，即薄膜晶体管大规模半导体集成电路。TFT 的主要单元是三端器件——场效应管，场效应管通过施加在绝缘栅极上的控制电压（可控制源极和漏极间的电流）实现对输出电流的控制。利用这种集成电路，可容易地（用场效应管作为开关）实现对大面积下、数量众多的矩阵单元进行控制。

在 TFT 中，也包含了实现其他功能的集成电路。

*2.1.2 辐射探测器的一般特性

从辐射探测器的一般特性考虑，数字射线检测用的辐射探测器的主要性能可分为四个方面：转换特性、噪声特性、空间响应特性和时间响应特性。

1. 转换特性

转换特性描述的是探测器输入物理量与输出物理量间的关系，主要的描述参数是量子探测效率与动态范围。

量子探测效率（DQE）可简单地定义为单位时间（秒）输出信号光量子数与输入信号光量子数之比。它给出的是探测器将输入信号转换为输出信号的效率，值越高性能越好。在工业数字射线检测领域一般不采用该指标（在医疗领域重视该指标）。

动态范围定义为探测器可探测的最大信号与最小信号之比。由于数字射线检测的辐射探测器一般都工作在线性响应范围，所以动态范围实际常指探测器处于线性响应下可探测的最大信号与最小信号之比（有时也简单地指线性响应范围）。

2. 噪声特性

噪声特性描述的是探测器的信号响应波动情况。

探测器的主要噪声是量子噪声、电流噪声、热噪声和结构噪声等。这些噪声与信号大小相关，简单地说随信号增大而增加。为此，采用信噪比描述探测器成像过程产生的噪声特性。信噪比定义为获得的图像信号与图像信号噪声之比（要注意的是，这里的信噪比概念与以前常用的一般意义信噪比概念不同）。信噪比越高，图像质量会越好。

3. 空间响应特性

探测器空间响应特性描述的是探测器给出的输出信号空间分布与输入信号空间分布的关系。定量描述探测器的空间响应特性可采用探测器的点扩散函数或光学调制传递函数（或调制传递函数）。

在数字射线检测技术中，实用的描述探测器空间响应特性的参数是探测器的空间分辨力，它给出了探测器分辨几何细节的能力。

4. 时间响应特性

时间响应特性表示的是探测器跟踪输入信号变化的能力。

一般说，探测器对输入信号的响应（跟踪）存在一定的滞后情况。即加载输入信号后，探测器的响应信号（输出信号）常会需要一定时间逐步达到对应输入信号的响应数值；输入信号停止后，探测器的响应信号会保持一段下降时间才能逐步减少到无响应信号状态（如荧光屏余辉）。

描述探测器时间响应特性的概念是惰性。表示惰性常用的参数是响应时间（响应时间常数）、衰减时间、余辉等。也引入了一些实际描述探测器时间响应特性的概念，如图像刷新时间等。

对于数字射线检测技术，由于光电发射几乎具有瞬时性，多数探测器的组成器件的光电转换过程都在微秒或纳秒数量级；而对于一般的检测技术，都不需要关注探测器的时间响应特性。但探测器涉及荧光物质时，由于某些荧光物质的衰减时间可能处于毫秒级别，对于快速检测技术，则需要关注探测器的时间响应特性。

2.1.3　辐射探测器系统

在数字射线检测技术中实际使用的辐射探测器具有复杂的结构，并不是上面介绍的简单的原理性结构。按照结构特点可以分为两大类：分立辐射探测器和连续结构辐射探测器。分立辐射探测器主要有非晶硅探测器、非晶硒探测器、CCD（或CMOS）辐射探测器，连续结构辐射探测器主要有成像板（IP板）、图像增强器等。

非晶硅探测器、非晶硒探测器、CCD（或CMOS）辐射探测器，它们本身具有一个个分立辐射探测单元（像元），结构中还包含模/数转换（A/D转换）部分，它们常统称为分立辐射探测器阵列（或称为数字探测器阵列），常用缩写符号DDA表示。这类探测器不仅完成对射线的探测与信号转换，同时也完成图像数字化，可以直接给出数字化的检测图像。探测器性能直接影响给出的检测图像质量。

成像板（IP板）、图像增强器等探测器，本身是连续性结构（不分为一个个分立辐射探测单元），结构中也不包含模/数转换（A/D转换）部分。对应于上面的分立辐射探测器，可以称这类探测器为连续结构辐射探测器。这类探测器仅完成对射线的探测与信号转换，直接获得的是常规模拟检测图像。为了给出数字化的检测图像，需要结合另外的图像数字化单元。探测器性能与相结合的图像数字化单元性能（包括采用的技术参数）共同决定了其整体的性能（例如可给出的像素尺寸），共同影响检测图像质量。从获得检测图像的质量考虑，对这类探测器必须从整体角度讨论。

为此，可以引用"探测器系统"概念。对于分立辐射探测器阵列，"探测器系统"就是它们本身；对于连续结构辐射探测器，"探测器系统"则是由探测器、检测图像数字化相关技术单元、该技术单元采用的技术参数等共同构成的整体。引入该概念，后续可以方便、统一讨论检测图像质量和检测技术。

在后面的叙述中，在不会引起混淆的情况下，常常简单地使用"探测器"这一术语，对于连续结构辐射探测器常是指"探测器系统"。

2.2 辐射探测器系统的基本性能

在日常检测中，辐射探测器系统性能主要指标是像素（像元）尺寸、空间分辨力、A/D转换位数、动态范围、信噪比、适用能量、使用寿命等。从构成数字射线检测技术角度，辐射探测器系统的基本性能是基本空间分辨力（率）和规格化（标准化、归一化）信噪比。

1. 基本空间分辨力

空间分辨力表示的是探测器分辨几何细节的能力。对于某个探测器，在不同的使用技术条件下，可实现的空间分辨力可能不同。因此需要一个可表征辐射探测器（实际也是数字射线检测系统）空间分辨力性能的特殊空间分辨力指标。

基本空间分辨力定义为在规定的特定条件下（主要包括：透照的放大倍数为1、特定的射线能量、几何不清晰度可忽略等），采用双丝型像质计测定的检测图像不清晰度值的1/2，通常记为 SR_b。若记检测图像测定的不清晰度为 U，探测器的有效像素尺寸为 P_e，则

$$SR_b = \frac{1}{2}U \tag{2-1}$$

$$SR_b = P_e \tag{2-2}$$

基本空间分辨力决定了探测器在不采用放大技术时可分辨的细节的最小几何间距。

由于测定条件要求几何不清晰度可忽略，一般近似认为

$$U \approx U_D$$

式中 U_D——探测器固有不清晰度。

这样就有

$$U_D = 2SR_b \tag{2-3}$$

即探测器基本空间分辨力实际是探测器固有不清晰度的1/2。需要注意的是，这是探测器系统的性能。

采用双丝型像质计测定探测器基本空间分辨力的具体要求可参考有关标准规定。

2. 规格化信噪比

信噪比表征的是探测器检测过程对输入信号的响应特性。检测信号是探测器对输入信号的响应，噪声是探测器对输入信号响应的波动变化。记检测信号平均值为 S，检测信号的统计标准差为 σ，则信噪比 SNR 为

$$SNR = \frac{S}{\sigma} \tag{2-4}$$

探测器获得的检测图像信噪比取决于探测器的结构特性，也与采用的射线检测技术相关。对于同样结构特性的探测器，在采用同样射线检测技术时，获得的检测图像信噪比还与探测器单元尺寸（像素尺寸）相关。因此为比较不同探测器的信噪比，必须在同样的探测器单元尺寸（像素尺寸）下进行。为此引入规格化（标准化、归一化）信噪比概念。

规格化（标准化、归一化）信噪比通常记为 SNR_N。它是将探测器给出的信噪比值转换为基本空间分辨力为 88.6μm 下的信噪比。即

$$\text{SNR}_\text{N} = \frac{88.6}{\text{SR}_\text{b}}\text{SNR} \qquad (2\text{-}5)$$

式中出现的 88.6μm 是以直径为 100μm 的圆形单元（像素）为比较基准。由于探测器的单元（像素）通常都为正方形，直径为 100μm 的圆形转换为正方形时，该正方形的边长应为 88.6μm。因此规格化信噪比就是将探测器的信噪比值转换为边长为 88.6μm 的正方形探测器单元下的信噪比值，以此来比较不同探测器的信噪比特性。

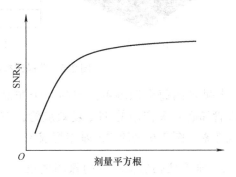

图2-4 探测器规格化信噪比与剂量平方根关系

表征探测器规格化信噪比特性，主要是用在一定射线能量下的规格化信噪比与剂量平方根关系曲线，典型关系如图 2-4 所示。图中，曲线的近似直线区范围、饱和值大小等都与探测器的结构、特性密切相关，也与探测器的使用情况相关。

为比较不同探测器的规格化信噪比，测定方法应符合相关标准规定。

3. 信噪比的进一步说明

探测器获得的检测图像信噪比取决于探测器的结构特性，也与采用的射线检测技术相关。简单说，射线信号将按线性关系转换为检测图像信号（即探测器工作在线性响应范围）。出现的噪声信号源，归纳起来主要是量子噪声、结构噪声、电子噪声（包括热噪声）。量子噪声是射线源的射线发射、射线在被检测物体中的吸收、探测器的射线吸收等的（随机）量子起伏决定的噪声。结构噪声是探测器结构性能的差异（如 DDA 各单元性能差异、IP 板荧光层敏感性的差异等）产生的噪声。电子噪声是电子热运动引起的探测器器件、电路部分的性能变化导致的热噪声。电子噪声原则上可以采取适当措施消除或减少。量子噪声是必须考虑的噪声。

不同结构的探测器性能不同，噪声不同，可获得的信噪比也不同。

2.3 分立辐射探测器（DDA）

数字射线检测技术使用的分立辐射探测器（或称为数字探测器），主要是非晶硅辐射探测器、非晶硒辐射探测器、CCD 和 CMOS 辐射探测器。

2.3.1 非晶硅辐射探测器(*)

1. 非晶硅辐射探测器的结构

非晶硅辐射探测器由闪烁体、非晶硅层（光电二极管阵列）、TFT 阵列（薄膜晶体管阵列）、读出电路构成。图 2-5 是面阵（平板）非晶硅探测器的外形与结构示意图。

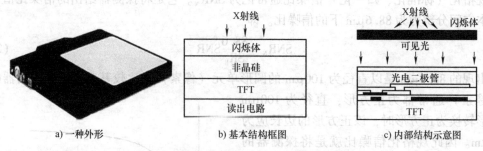

a) 一种外形　　　　b) 基本结构框图　　　　c) 内部结构示意图

图 2-5　非晶硅探测器的外形与结构示意图

探测器的每个探测单元包括一个非晶硅光电二极管和起开关作用的 TFT 场效应管，它们共同构成像素。图 2-6 是像素的基本组成图。

2. 非晶硅辐射探测器的探测过程

闪烁体将射线信号转换为可见光信号。对于非晶硅辐射探测器，常用的闪烁体是碘化铯（铊作为激活剂）或（荧光物质）硫氧化钆（铽作为激活剂）。

非晶硅层，即光电二极管阵列层，是光电探测器件，它的作用是把入射的光信号转换为电信号。光电二极管积累电信号，读取时，经外围电路输出、A/D 转换，获得数字检测图像信号。

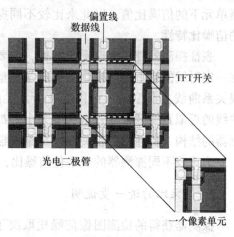

图 2-6　非晶硅探测器的像素基本组成

概括起来，非晶硅探测器探测射线的过程如下。闪烁体层将入射射线信号转换为可见光信号，非晶硅光电二极管将可见光信号转换为电信号，电信号在 TFT 控制下由读出电路顺序读出，完成处理，形成数字检测图像信号。

*3. 光电二极管探测原理

光电二极管的基本结构是 PN 结。在 PN 结上施加反向电压（N 区为正，P 区为负），则构成光电二极管。当光照射 PN 结时，在半导体中产生电子–空穴对，在内建电场作用下形成光生电流。光生电流基本与光照强度成正比，其线性范围很宽。图 2-7 是光电二极管探测原理示意图。

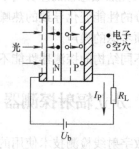

图 2-7　光电二极管探测原理示意图

2.3.2　非晶硒辐射探测器

非晶硒辐射探测器的基本组成部分是非晶硒（作为光电材料）、薄膜晶体管（TFT）阵列、读出电路。图 2-8 是非晶硒探测器结构示意图。

非晶硒辐射探测器用非晶硒作为光电转换材料。入射到非晶硒的辐射，部分能量产生电子–空穴对，射线信号转换为电信号。电信号在 TFT 集成电路中的电容上积聚形成储存电

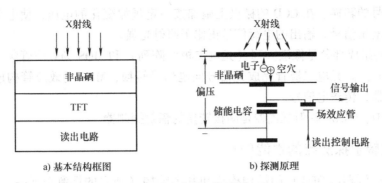

a) 基本结构框图   b) 探测原理

图 2-8 非晶硒探测器

荷。在 TFT 集成电路的读出电路控制下,储存的电荷被顺序读出,经处理、放大、A/D 转换等,形成数字射线检测图像。

电容和 TFT 开关构成采集信息的最小单元,即非晶硒探测器的像素。

概括起来,非晶硒辐射探测器的探测过程:非晶硒直接将射线信号转换为电信号,产生的电荷存储到各个探测器单元,在 TFT 控制下由读出电路将储存电荷顺序读出,经处理、放大、A/D 转换等,形成数字检测图像信号。

非晶硒探测器不存在中间转换过程,是一种直接转换的辐射探测器。

2.3.3 CCD 或 CMOS 辐射探测器

CCD(电荷耦合器件)或 CMOS(互补金属氧化物半导体)辐射探测器的基本结构为闪烁体与 CCD 或 CMOS 感光成像器件。在闪烁体与 CCD 或 CMOS 感光成像器件之间采用光耦合器件传输信号。

闪烁体将射线信号转换为光信号,CCD 或 CMOS 感光成像器件将光信号转换为电信号。读出 CCD 或 CMOS 各探测单元电荷(信息电荷),经信号处理电路处理,形成数字检测图像信号,获得数字检测图像。可见,闪烁体实现射线信号探测,CCD 或 CMOS 实现对光信号的转换和探测。图 2-9 是 CCD 辐射探测器的基本结构,图 2-10 是 CMOS 辐射探测器的基本结构。

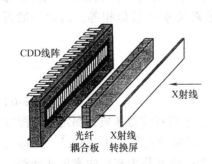

图 2-9 CCD 辐射探测器基本结构示意图

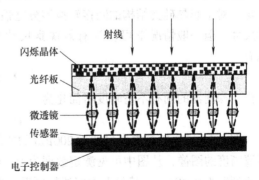

图 2-10 CMOS 辐射探测器基本结构示意图

CCD(电荷耦合器件)的基本结构单元是 MOS(金属-氧化物-半导体)电容,实现电荷信号的产生、存储、转移、检测。简单地说,CCD 光电信号的转换过程如下:当光信号照射在 CCD 上时,半导体中产生电子-空穴对,电子被吸引、收集,形成信号电荷,实现了光信号向电信号的转换。在 CCD 的栅极上施加按一定规律变化的电压，使电荷沿半导体表面转移，形成输出信号。输出的电荷信号正比于照射光强。

CMOS 主要组成部分是像敏阵列（光电二极管阵列）和 MOS 场效应管集成电路，它们集成在同一硅片上。光电二极管完成光信号向电信号转换，MOS 场效应管构成光电二极管的负载、放大器，传送电信号。

显然，CCD、CMOS 辐射探测器是间接转换的辐射探测器。

2.3.4 分立辐射探测器的性能(∗)

分立辐射探测器（DDA）的结构构成和基本结构（独立的探测单元——像素）特点，决定了其性能的特点。

∗1. 转换特性

DDA 的基本探测结构是闪烁体与光电二极管（非晶硒探测器的基本探测结构仅是光电二极管）。闪烁体的光发射在饱和前与入射辐射呈线性关系，光电二极管的光电转换在相当范围内为线性关系，这决定了分立辐射探测器具有线性转换特性。即探测器像素电荷与曝光量（射线照射量）呈线性关系。当曝光量过大时，探测器的转换将进入饱和状态。图 2-11 是具有代表性的 DDA 的转换特性。

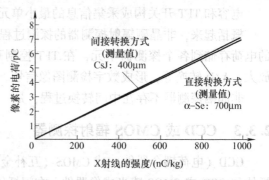

图 2-11 非晶硅与非晶硒探测器的转换特性

2. 基本空间分辨力

分立辐射探测器的基本空间分辨力，理论上由其有效像素尺寸决定，即

$$SR_b = P_e$$

对于非晶硒类结构的直接转换型分立辐射探测器，可认为有效像素尺寸与其几何像素尺寸 P 相等。对于非晶硅类结构的间接转换型分立辐射探测器，闪烁体的特性、厚度将影响有效像素尺寸。但一般情况下可认为有效像素尺寸与其几何像素尺寸 P 近似相等，因此一般近似有

$$P \approx SR_b$$

这样，探测器的固有不清晰度将简化为

$$U_D \approx 2P \tag{2-6}$$

图 2-12 显示的是像素尺寸为 200μm 的非晶硅探测器，采用双丝型像质计测定检测图像不清晰度的图像，从图中可见测定数据为 D7（最小可分辨丝对的直径为 0.20mm），对应的不清晰度为 0.40mm，其与上面叙述的可近似采用几何像素尺寸 P 作为有效像素尺寸处理相符合。其他像素尺寸的非晶硅探测器的测定试验同样如此。

3. 规格化（标准化、归一化）信噪比

DDA 可获得的信噪比主要决定于探测器本身结构与特性，也与射线束谱（能量）、射线

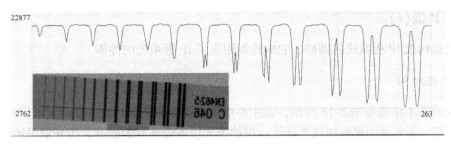

图 2-12　双丝型像质计测定检测图像不清晰度的图像

剂量、滤波物体相关。由于对探测器各个分立单元（像素）可进行严格测定和处理（响应校正），分立辐射探测器可以在很大的曝光剂量范围内，获得规格化（标准化、归一化）信噪比与曝光剂量平方根间的线性关系。图 2-13 显示了规格化信噪比与曝光剂量平方根间的这种线性关系。实际应用的分立辐射探测器，其响应校正给出的规格化信噪比与剂量平方根间的（近似）线性关系将限定在一定的剂量范围内。不同的响应校正得到的规格化信噪比与剂量平方根间关系也存在差别，图 2-14 显示的是实际应用的不同探测器响应校正获得的结果。一般地，在较小的曝光量下，DDA 的规格化信噪比就可以达到数百以上的数值。

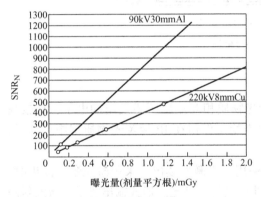

图 2-13　DDA 的规格化信噪比与剂量
　　　　　平方根的关系

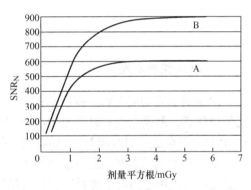

图 2-14　实际的规格化信噪比与
　　　　　剂量平方根的关系

＊4. 时间响应特性

　　由于光电发射几乎具有瞬时性，对 DDA 的时间响应特性，需要关注的仅是闪烁体结构部分采用具有长衰减常数荧光物质情况。例如，当采用硫氧化钆时，因其衰减常数为 480μs（激发停止后响应信号降低到 37% 需要的时间），则必须注意以高帧速采集图像时，可能出现的前一帧的某些信息叠加到后一帧图像的情况。

2.4　成像板系统（IP 板系统）

　　成像板系统常简称为 IP 板系统，它是 CR 技术的辐射探测器（系统）。

　　IP 板系统由 IP 板、IP 板图像读出器、（读出）软件、读出参数构成。它们作为一个整体共同影响获得的数字射线检测图像质量。

2.4.1 IP板(*)

IP板是构成IP板系统的基础，它的性能限定了IP板系统的性能。

1. IP板结构

IP板的基本结构如图2-15所示，其主要由保护层、荧光层、支持层、背衬层构成。

保护层为非常薄的聚酯树脂类纤维，保护荧光层不受外界的影响。荧光层采用特殊的荧光物质，即光激发射荧光物质构成。荧光物质目前主要采用的是氟卤化钡（二价铕激活）。支持层常用聚酯树脂类纤维胶制作。它具有良好的机械强度，保护荧光层免受外力损伤。背衬层制成黑色，防止激光在荧光层和支持层的界面反射。

荧光物质的类别、荧光晶体的颗粒尺寸与荧光层的厚度决定了IP板的基本性能。

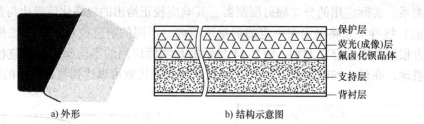

a) 外形　　　　　　　　b) 结构示意图

图2-15　IP板外形与结构

2. IP板探测原理

IP板的荧光物质受到射线照射时，射线与荧光物质相互作用所激发出的电子，在较高能带被俘获，形成光激发射荧光中心（PLC），以准稳态保留在IP板荧光物质层中。这样，在IP板中就形成了射线照射信息的潜在图像。

IP板中形成的射线照射信息潜在图像，可以采用激光激发读出。采用激光激发读出时，光激发射荧光中心的电子将返回它们初始能级，并以发射可见光的形式输出能量。所发射的可见光与原来接收的射线剂量成比例。这样，可将IP板上的潜在图像转化为可见的图像。对该图像进行图像数字化处理，则可得到数字射线检测图像。

激光激发读出和图像数字化处理由IP板图像读出器完成。

在IP板上储存的潜在射线图像，读出后仍存在的部分图像信息，经过适当程度的光照射可擦除，擦除后的IP板可再次用于记录射线照射图像。

*3. IP板系统分类

不同性能的IP板具有不同的空间分辨力、信噪比，必然导致IP板系统可获得的基本空间分辨力、可达到的规格化信噪比会不同。目前，在有关标准中对IP板系统（标准中常称为"CR系统"）进行了分类。表2-2列出的是美国材料试验学会标准规定的分类与性能指标，可供参考。其中出现的探测器插入基本空间分辨力仍旧是原有的探测器基本空间分辨力概念，只是要求采用绘制丝对调制深度曲线确定调制深度为20%的丝对。所采用的允许可达到的最低EPS灵敏度，是对19mm中碳钢板在220kV透照电压下，以钻孔板50%数目的孔可识别程度下得到的EPS灵敏度值（该指标是否可作为性能指标值得讨论）。

表 2-2 IP 板系统（CR 系统）的分类（ASTM E2446-15）

ASTM E2446-15	要求的最低规格化信噪比值 $SNR_{N,min}$	允许的最大探测器插入基本空间分辨力 $iSR_{b,max}^{detector}/\mu m$	允许可达到的最低 EPS 灵敏度/(%)
CR 系统-特级	200	50	1.00
CR 系统-Ⅰ	100	100	1.41
CR 系统-Ⅱ	70	160	1.66
CR 系统-Ⅲ	50	200	1.92

*2.4.2 IP 板的主要特性

下面介绍与数字射线检测技术相关的 IP 板主要特性，其中部分特性与 IP 板图像读出器性能相关。

1. 谱特性

所关注的 IP 板谱特性主要是发射谱特性和激发谱特性。

发射谱特性给出的是在射线照射时，IP 板吸收射线的发射荧光谱分布。激发谱特性给出的是 IP 板采用不同波长激光激发时，IP 板发射荧光强度的相对值。图 2-16 显示了 IP 板的发射谱特性和激发谱特性。从图中可见，发射谱的峰值波长约为 390nm，激发谱的峰值波长在 600nm 附近。依据激发谱特性确定扫描读出时的激光波长，依据发射谱特性选择扫描读出时与之匹配的光电倍增管响应谱特性。

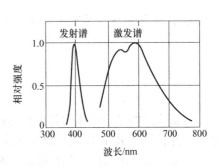

图 2-16 IP 板的发射谱和激发谱

2. 转换特性——动态范围

IP 板在激光激发后输出的荧光信号，在相当大的射线照射剂量变化范围内，都显示为线性响应的特点。也就是说，IP 板系统的转换特性具有很宽的动态范围，图 2-17 显示了 IP 板系统的动态特性。一般认为至少可达到 $10^4:1$。这使得 CR 技术的数字射线检测图像具有较大的厚度宽容度。

3. 时间响应特性

IP 板的时间响应特性描述的是 IP 板受到激光激发时，产生的发射荧光强度随时间减弱的关系，图 2-18 显示了减弱与时间的具体关系。从图中可见，激发停止后经约 0.8μs 的时间（也有更短时间的 IP 板，有文献给出 100ns），发射强度降到初始强度的 1/e（37%）。可见，激光激发停止后该扫描点的荧光存在逐渐消失的过程。在设置扫描读出参数时，需要考虑由此可能产生的相邻扫描点信息间的干扰。

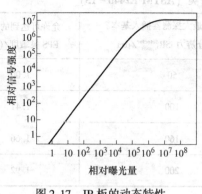

图 2-17　IP 板的动态特性

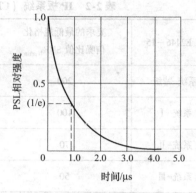

图 2-18　IP 板的时间响应特性

2.4.3　IP 板系统的基本性能(*)

对于 CR 技术，必须从 IP 板系统角度讨论探测器系统的基本性能。即必须考虑 IP 板系统各个组成部分的作用。

1. IP 板系统的空间分辨力

对于 IP 板系统，关于基本空间分辨力可给出与分立辐射探测器相同的关系式

$$SR_b = \frac{1}{2}U$$

$$SR_b = P_e$$

$$U_D \approx 2SR_b$$

需要注意的是，这里的各个量都是由 IP 板系统决定，它们是对 IP 板探测器系统给出的结果，并且是由 IP 板性能、IP 板图像读出器性能、扫描读出软件和设置的扫描参数共同决定的性能。图 2-19 显示了 IP 板系统不同、读出扫描点尺寸不同对读出图像空间分辨力的影响。这说明了对于空间分辨力性能必须从 IP 板系统考虑。

2. IP 板系统的规格化（归一化、标准化）信噪比

图 2-20 显示的是 IP 板系统的规格化（归一化、标准化）信噪比与曝光量（照射剂量）平方根的一般关系。从图中可见，其规格化信噪比与曝光量平方根间的关系同分立辐射探测器（DDA）基本相同。不同的是，其线性范围较小，饱和值较低。这主要是 IP 板系统的结构噪声对信噪比的限制。IP 板的性能不同，其结构噪声不同，可获得的信噪比也不同。

研究指出，IP 板系统的规格化信噪比与图像灰度间存在对应关系。即图像达到一定灰度时将达到对应的规格化信噪比。这种对应关系与射线能量无关，包括对 X 射线、γ 射线，X 射线能量可从 50kV 到数兆伏。

*3. IP 板系统基本性能的说明

IP 板性能决定的空间分辨力，构成了 IP 板系统空间分辨力的基础，其限定了 IP 板系统可达到的最高空间分辨力。

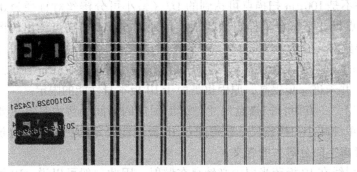

a) 不同IP板系统同在50μm扫描点下读出的双丝型像质计图像(上图：D9，下图：D11)

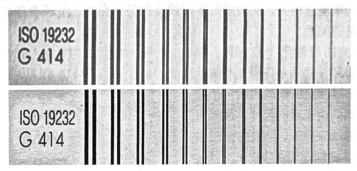

b) 同一IP板系统双丝型像质计图像(上图：100μm，D6；下图：50μm，D9)

图2-19　IP板系统的空间分辨力比较

IP 板的性能，即荧光物质的类型、荧光物质晶体颗粒尺寸、荧光层厚度，决定了 IP 板可实现的空间分辨力。它也就是 IP 板成像的固有不清晰度（例如，可记为 U_{IP}）。对于某种类型的荧光物质，荧光物质的晶体颗粒尺寸越大、厚度就越大，IP 板的固有不清晰度就越大，空间分辨力就越低。

对于某种性能的 IP 板，即使用更好的后续 IP 板图像扫描读出器，设置更好的读出参数，获得的数字射线检测图像的空间分辨力也不可能超过 IP 板性能决定的空间分辨力。同时，必须选用性能适当的 IP 板图像读出器、设置适当的扫描读出参数（特别是扫描点尺寸，是否满足采样定理），扫描读出的数字射线检测图像才不会损失 IP 板性能决定的空间分辨力。否则，扫描读出后只能获得更差空间分辨力的数字射线检测图像。

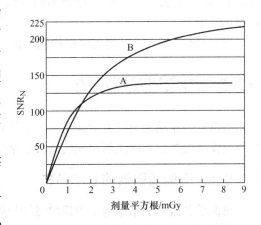

图2-20　IP板系统的规格化信噪比与剂量关系
A——一般分辨力IP板　B—高分辨力IP板

例如，在图 2-19a 中显示的主要是 IP 板性能的决定性作用，而在图 2-19b 中显示了主要扫描点尺寸的影响，同时也显示了 IP 板性能的作用。理解它们的结果，必须同时考虑 IP 板性能决定的可达到的空间分辨力（对应着空间频率）与设置的扫描点尺寸是否符合采样定理的限定。图中给出采用 100μm 扫描点读出的图像，达到的仅是 D6（最小可分辨丝对直径为 0.25mm），并不是 100μm 扫描点可达到的 D7（最小可分辨丝对直径为 0.20mm），这是因为设置的扫描点尺寸不符合采样定理的限定；采用 50μm 扫描点读出的图像，达到的是 D9（最小可分辨丝对直径为 0.16mm），并不是 50μm 扫描点可达到的 D10（最小可分辨丝对直径为 0.10mm），这是 IP 板性能的限定。实际试验中还采用 25μm 扫描点读出图像，达到的仍旧是 D9，并未进一步提高，原因也是由于 IP 板本身性能的限定。

这些结果指出，一方面，扫描点尺寸对读出图像的空间分辨力具有重要影响；另一方面，并不能通过单纯减小扫描点尺寸获得超过 IP 板性能决定的更高空间分辨力。这就是必须从 IP 板系统考虑空间分辨力的含义。

此外，由于射线在 IP 板荧光层中必然存在散射，因此一般可以说，IP 板系统的空间分辨力与检测时的射线能量相关。从构成数字射线检测技术角度，显然希望掌握 IP 板固有不清晰度与射线能量的关系。

关于 IP 板系统的规格化（归一化、标准化）信噪比，需要注意的是信噪比与剂量的关系还会受到扫描读出过程的影响。扫描读出器的性能（例如激光点的尺寸、激光束的强度、激光束的稳定性）、设置的扫描参数（例如扫描点尺寸、扫描速度）不同，也会影响信噪比。图 2-21 显示了扫描激光束强度与在扫描点停留时间与扫描读出深度（读出程度）的关系，从它可以理解扫描读出过程的影响。

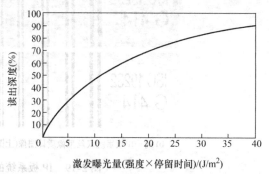

图 2-21　读出激发曝光量与读出深度关系

对于 CR 技术，为获得更高的检测图像信噪比，必须从 IP 板探测器系统角度控制。

*2.5　图像增强器系统

图像增强器系统由图像增强器、光学耦合系统、图像拾取与图像数字化部分组成。它是采用图像增强器作为探测器构成的间接数字化射线检测技术的辐射探测器。

*2.5.1　图像增强器的基本结构

图像增强器的基本结构是图像增强管与外壳。图像增强管的基本结构为玻璃或轻金属壳体、输入转换屏、聚焦电极、输出屏。图 2-22 是图像增强管外形与结构示意图。

外壳上设置射线窗口，射线从射线窗口入射到图像增强管输入转换屏。射线窗口由铝板或钛板制作，铝板的厚度一般为 0.7 ~ 1.2mm。既具有一定的强度，又可以减少对射线的吸收。

输入转换屏主要由基板、闪烁体（或荧光物质）和光电阴极层构成。基板为铝板，厚度一般约为 0.5mm。闪烁体主要采用 CsI 晶体制作。CsI 晶体具有类似光纤的针状结构（图 2-23），它可以限制光的漫散射。单个针的直径约为 51μm，典型的 CsI 晶体层厚度为 300 ~ 450μm。光电阴极层是在光照射下能够发射电子的物质（多为碱金属，称为光电发射体，因光电发射体在光电器件中常作为阴极，故称为光电阴极），厚度很小（仅为 20nm），其单位时间内产生的光电子数目与入射光强度成正比。

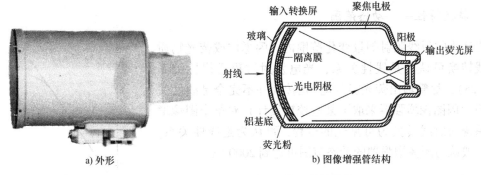

a) 外形   b) 图像增强管结构

图 2-22　图像增强器外形与图像增强管结构

聚焦电极加有 25 ~ 30kV 的高压。

输出屏的直径一般在 15 ~ 35mm，多采用 P20 [ZnCdS(Ag)] 荧光材料沉积在很薄的铝膜上（200 ~ 300nm），荧光物质层厚度一般为 4 ~ 8μm。P20 荧光材料发射光的峰值波长为 520 ~ 540nm。

光电阴极层的灵敏度会随使用时间增加而降低。电子需要在一定的真空度下才能运动到输出屏。由于图像增强管内真空度随着时间增加会降低，这限制了图像增强管的使用寿命。一般认为，无论是否使用，图像增强器的寿命大约都是 3 年。

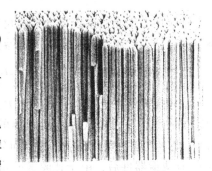

图 2-23　CsI 针状结构图

*2.5.2　图像增强器系统的探测过程

图像增强器系统探测射线，获得数字射线检测图像的基本过程如下。

射线透过工件，穿过图像增强器的窗口入射到输入转换屏上。输入转换屏闪烁体（或荧光物质）吸收射线的部分能量，将其能量转换为可见光发射。发射的可见光被光电阴极层接收，并将可见光能量转换为电子发射。发射的电子在聚焦电极的高压作用下被聚焦和加速，高速撞击到输出屏上。输出屏荧光物质将电子能量转换为可见光发射。形成射线检测模拟图像。图 2-24 显示了上述转换过程。

图像增强器在输出屏上给出的射线检测模拟图像，需要经过光学耦合系统（透镜或光纤）由摄像系统拾取，再经 A/D 转换，才能给出数字射线检测图像。现在，摄像系统一般采用 CCD 成像器件，则其可同时完成图像拾取和数字化，给出数字射线检测图像。

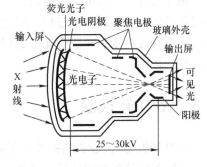

图 2-24　图像增强管中的转换过程

*2.5.3　图像增强器系统的主要性能

图像增强器系统所给出的数字射线检测图像质量，不仅与图像增强器性能相关，也与光学耦合系统、摄像系统、A/D 转换器性能相关。也就是说，各部分构成的整体性能决定了获得的数字射线检测图像质量。

1. 转换特性——动态范围

在适当的射线照射剂量变化范围内，闪烁体或荧光物质对射线转换可认为是线性关系，光电发射过程是线性关系（图2-25），尽管输出荧光屏的电-光转换并不完全是线性关系，但（因图像增强器采取了某些校正设计）对整个图像增强器系统的射线转换为可见光的过程，可认为是线性关系。因此一般认为图像增强器的动态范围可达到2000∶1。

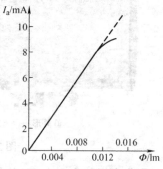

图 2-25　光电阴极的转换特性

2. 基本空间分辨力

在引用了探测器系统概念后，可对图像增强器系统的基本空间分辨力给出与分立辐射探测器相同的关系式。

$$SR_b = \frac{1}{2}U \qquad SR_b = P_e \qquad U_D \approx 2SR_b$$

决定探测器系统基本空间分辨力的主要因素是输入转换屏的固有不清晰度（U_S）和摄像系统的性能。通常认为输入转换屏闪烁体或荧光物质的固有不清晰度较大（0.3mm左右），光学耦合系统具有很高的空间分辨力（可达到50Lp/mm），当图像拾取系统采用现代的CCD成像器件后，由于其像素尺寸很小（可小到数微米级），拾取输出屏图像时不会受到采样定理的限制。因此系统基本空间分辨力的决定因素仅是输入转换屏的固有不清晰度。即

$$U_D = U_S = 2SR_b$$

由于图像增强器输入转换屏的固有不清晰度较大，若不采用微小焦点的射线源通过放大技术，难以获得高空间分辨力。

3. 时间响应

由于光电阴极的电子发射时间、光电子在图像增强管中的渡越过程、CCD中的光电转换过程都可认为是瞬时性过程，因此图像增强器系统的时间响应主要由图像增强器输出屏的荧光物质特性决定。一般荧光屏的惰性时间约为毫秒（ms）级，对于高速检测需要考虑可能产生的影响。

2.6　A/D 转换器

A/D转换器（模/数转换器）是将模拟信号转换为数字信号的器件。

信号可以分为模拟信号、脉冲信号、数字信号。在时间和幅值上连续变化的信号是模拟信号，在时间和幅值上不连续变化的信号是脉冲信号，数字信号是由二进制数字0、1组成的信号。图2-26显示了三种信号的对应关系。通过A/D转换可将模拟信号转换为数字信号（将模拟量转换为数字量）。

A/D转换过程包括取样、保持、量化、编码四个步骤，图2-27显示了A/D转换器完成A/D转换的基本过程。

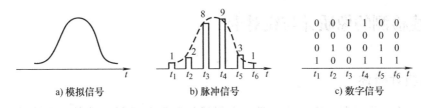

a) 模拟信号   b) 脉冲信号   c) 数字信号

图 2-26 模拟信号、脉冲信号与数字信号

由于模拟信号是随时间连续变化的量，因此在进行 A/D 转换时，需要对模拟信号周期性地连续取样。在取样后到下一次取样前的时间内需保持取样值不变，在 A/D 转换器内将其量化、编码成为数字信号。取样后保持

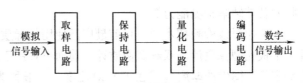

图 2-27 A/D 转换的基本过程

中的信号值仍是连续的模拟信号值，为了用数字量表示，须将其转化成某个数量单位的整数倍，这个过程就是量化。量化的最后过程是编码。由于在计算机中使用的是二进制数（以适应计算机基本器件的基本状态：开、关），因此必须将使用的十进制数转换为二进制数。编码就是采用一定方式的二进制数表示量化后数字（十进制数）的过程。一种常用的编码是用四位二进制数表示一位十进制数（称为 BCD 码），它的编码与十进制数存在简单对应关系。例如，一个十进制数为968，则其编码为 $(1001\ 0110\ 1000)_{BCD}$。这样，通过编码就将十进制数转换为计算机可识别、可运算的二进制数。实际上，在计算机中的字母和符号也都是采用特定规则的二进制数表示。

A/D 转换可分为不同方法、不同类型。类型不同，其结构组成、工作原理就不同。

A/D 转换器的主要性能指标包括：分辨率、量化误差、输入模拟电压范围、转换速度、工作温度系数等。

1）分辨率表示的是 A/D 转换器能够区分的最小输入模拟电压。因此它限定了 A/D 转换器分解输入模拟电压的能力。它由 A/D 转换器输入的模拟电压满量程值和可转换为二进制数的位数（比特，bit）决定。例如，A/D 转换器输入的模拟电压满量程值为 5V，当其输出二进制数的位数为 8 位（8bit）时，其可分辨的最小输入模拟电压为

$$5 \times 1000\text{mV} \div 2^8 = 19.53\text{mV}$$

如果其输出二进制数的位数为 12 位（12bit）时，其可分辨的最小输入模拟电压为

$$5 \times 1000\text{mV} \div 2^{12} = 1.22\text{mV}$$

2）量化误差是 A/D 转换器对连续的输入模拟电压用有限的数字进行离散赋值时出现的误差（例如，用四舍五入处理带来的离散赋值误差）。它是 A/D 转换过程固有的误差。显然，转换的二进制数的位数越高，量化误差会越小。

3）输入模拟电压范围是 A/D 转换器可以正常工作的范围。

4）转换速度用 A/D 转换器完成一次 A/D 转换时间表示。

5）温度系数是 A/D 转换器正常工作条件下，温度每改变 1℃导致的输出相对变化。

2.7 射线检测的像质计与线对卡

2.7.1 像质计概述

像质计（像质指示器，透度计）是测定射线检测图像质量的器件。像质计与工件同时透照，依据在检测图像上显示的像质计的细节影像，判定检测图像的质量。从而评定射线检测技术及其缺陷检测能力等。

在工业射线检测技术中，目前最广泛使用的像质计主要是：丝型像质计、阶梯孔型像质计、平板孔型像质计、双丝型像质计。前面三种用于测定检测图像的射线检测灵敏度，主要是测定检测图像的厚度（或密度）对比度，一般称为常规像质计。双丝型像质计用于测定检测图像的不清晰度（空间分辨力），是一种特殊类型的像质计。

像质计的核心结构是设计的特定细节形式，如丝、孔、槽等。制作常规像质计（丝型像质计、阶梯孔型像质计、平板孔型像质计）的材料，应与被检验工件相同或相似。即对射线吸收具有相同或相似的性能。制作双丝型像质计应采用规定的、具有高吸收系数的材料。像质计的特定细节尺寸有严格限定要求。

2.7.2 常规像质计

1. 丝型像质计

丝型像质计是国内外使用最多的像质计。它结构简单、易于制作，已被世界各国广泛采用，国际标准化组织也将丝型像质计纳入其制订的标准中。丝型像质计的形式、规格已基本统一。丝型像质计主要应用在金属材料。

丝型像质计的基本设计样式如图2-28所示。它的细节形式是丝，基本结构是平行排列的金属丝封装在射线吸收系数很低的透明材料中。每个像质计中封装7根金属丝，金属丝的材料应与被透照工件材料相同或相近，金属丝的直径和长度应符合规定要求。丝的直径，多数国家采用的都是公比为$\sqrt[10]{10}$（近似为1.25）的等比数列中的一个优选数列。

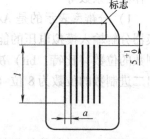

图2-28 丝型像质计样式

多数国家标准规定丝型像质计的基本材料为钢（Fe）、铜（Cu）、钛（Ti）、铝（Al），丝型像质计分为以下四组。

1）W1：由1～7号丝构成。

2）W6：由6～12号丝构成。

3）W10：由10～16号丝构成。

4）W13：由13～19号丝构成。

在像质计的上方配备一定的标志。标志由数字和说明字母组成。数字为该像质计7根金属丝中直径最大丝的编号，说明字母给出金属丝的材料和像质计的标准代号。例如，标志为"10FEJB"表示的是：

1）丝型像质计的材料为钢（Fe）。

2）该丝型像质计中封装的是编号为 10～16 号金属丝。

3）最粗金属丝的编号为 10（直径为 0.40mm）。

4）其是我国机械行业标准的丝型像质计。

丝型像质计以可识别的直径最小的丝判定达到的灵敏度值，或称为像质值（图像质量值）。

丝型像质计的具体设计见 GB/T 23901.1（ISO 19232 – 1）标准。

应注意的是，美国材料试验学会标准（ASTM E747）关于丝型像质计的结构、材料分组给出了不同的设计。

2. 阶梯孔型像质计

阶梯孔型像质计的基本结构是在阶梯块上钻直径等于阶梯厚度的通孔，孔应垂直于阶梯表面、不做倒角。典型的设计如图 2-29 所示。为了克服小孔识别的不确定性，常在薄的阶梯上钻上两个孔。

与丝型像质计一样，阶梯孔型像质计的材料应与被检工件的材料相同或相近。关于阶梯厚度、宽度、孔径等尺寸可参考欧洲有关标准的规定。目前阶梯孔型像质计也分为四组，即 H1、H5、H9、H13。

阶梯孔型像质计以可识别的直径最小的孔判定达到的灵敏度值，或称为像质值（图像质量值）。

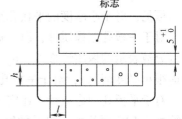

图 2-29　阶梯孔型像质计设计样式

阶梯孔型像质计的具体设计见 GB/T 23901.2（ISO 19232 – 2）标准。

3. 平板孔型像质计

在美国广泛使用一种特殊形式的像质计（也称为透度计），这就是平板孔型像质计。可以认为它是一种特殊的阶梯孔型像质计。

平板孔型像质计是在均匀厚度的平板上钻上三个通孔，如果板的厚度为 T，则三个孔的直径分别为 $1T$、$2T$、$4T$，$1T$ 孔位于中间。板厚应选为透照厚度的 1%、2% 或 4%，板的材料应与被透照工件的材料相同或相近。平板孔型像质计的典型样式如图 2-30 所示。图中矩形设计适于较小透照厚度，圆形设计适于较大透照厚度。图 2-31 是部分平板孔型像质计的实物图。

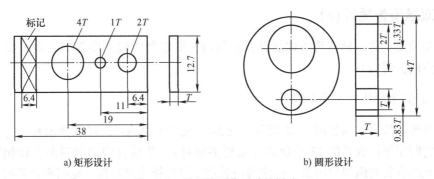

a) 矩形设计　　　　　　　　　　b) 圆形设计

图 2-30　平板孔型像质计的样式

a) 钢(ASTM E1025)　　　　　　　　　　　　　　　　　b) 铝(ASTM E1025)

图 2-31　部分平板孔型像质计的实物图

像质计标准中规定，对于小厚度范围，即编号不大于10的平板孔型像质计（厚度不大于0.254mm），无论平板孔型像质计的板厚为多少，像质计上面的孔直径一律为：$1T$ 孔直径为 0.254mm（0.010in）；$2T$ 孔直径为 0.508mm（0.020in）；$4T$ 孔直径为 1.016mm（0.040in）。

可见，对于小厚度的平板孔型像质计，其孔径不遵守一般的设计要求。

对于平板孔型像质计，以"$n_1 - n_2 T$"方式规定灵敏度级别，其中 n_1 是以透照物体厚度的百分数表示的像质计板厚，n_2 是应识别的最小孔径为像质计板厚 T 的倍数。一般说（不考虑很小厚度情况），对于平板孔型像质计，n_1、n_2 都只取1、2 或 4。

对于平板孔型像质计，还定义了一个特殊的射线照相灵敏度，即等价像质计灵敏度，一般简称为 EPS 灵敏度。该灵敏度的定义是：在与"$n_1 - n_2 T$"质量级别相同的透照技术下，$2T$ 孔为可识别的最小孔时的平板孔型像质计板厚与透照工件厚度的百分比。按 EPS 灵敏度定义，对任意"$n_1 - n_2 T$"灵敏度级别，则应有

$$EPS = \frac{100}{x} \sqrt{\frac{TH}{2}}$$

式中　T——平板孔型像质计板厚（mm）；

H——识别的平板孔型像质计上的孔径（mm）。

部分不同灵敏度级别的等价像质计灵敏度值见表2-3。

表 2-3　部分灵敏度级别的等价像质计灵敏度值

灵敏度级别	$1-1T$	$1-2T$	$1-4T$	$2-1T$	$2-2T$	$2-4T$
EPS 灵敏度	0.7%	1.0%	1.4%	1.4%	2.0%	2.8%

2.7.3　双丝型像质计(*)

双丝型像质计是一种特殊的像质计，它只用于测定射线检测图像的不清晰度（测定检测图像的空间分辨力）。

1. 双丝型像质计的样式和结构

双丝型像质计的结构如图 2-32 所示，图 2-33 是双丝型像质计的实物图片，它的基本结构是以一定间距平行放置的 13 个丝对（或更多丝对）。像质计中的丝对由直径相等、丝的间距等于丝的直径的两根丝组成。这样的一系列不同直径的丝对按一定间距封装起来，并加上适当的标记构成了双丝型像质计。丝的材料应是铂、钨等对射线具有高吸收特性的物质，

丝径的值和允许的偏差都有严格的规定。表2-4列出的是有关标准中对双丝型像质计的尺寸和对应的不清晰度值的规定。

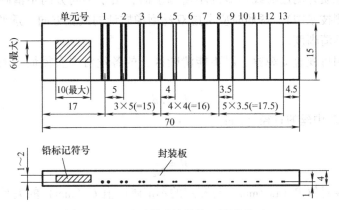

图 2-32　双丝型像质计结构（圆形截面）

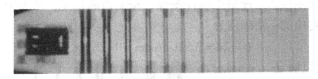

图 2-33　双丝型像质计实物图片

表 2-4　双丝型像质计的丝对和不清晰度　　　　　　　　　（单位：mm）

丝对编号	D13	D12	D11	D10	D9	D8	D7
丝的材料	铂	铂	铂	铂	铂	铂	铂
丝径和间距	0.05	0.063	0.08	0.10	0.13	0.16	0.20
对应的不清晰度	0.10	0.13	0.16	0.20	0.26	0.32	0.40

丝对编号	D6	D5	D4	D3	D2	D1	
丝的材料	铂	铂	铂	钨	钨	钨	
丝径和间距	0.25	0.32	0.40	0.50	0.63	0.80	
对应的不清晰度	0.50	0.64	0.80	1.00	1.26	1.60	

注：不同的标准中，关于丝径、间距、对应的不清晰度的值等规定与表中相同，但对单元号的规定可能不同。

关于双丝型像质计的具体设计见 GB/T 23901.5（ISO 19232-5）标准。

在 ASTM E2002：2015 中，对需要高清晰度测定时给出了 15 个丝对的双丝型像质计设计（基本是增加两个更细直径丝对），也允许采用更多丝对设计的双丝型像质计。新扩展出的丝对基本要求见表2-5。

表 2-5　双丝型像质计新的丝对和不清晰度

丝对编号	D14	D15	D16	D17	D18
丝的材料	铂	铂	铂	铂	铂
丝径和间距/mm	0.040	0.032	0.025	0.020	0.016
对应的不清晰度/mm	0.080	0.064	0.050	0.040	0.032

2. 双丝型像质计的使用

采用双丝型像质计测定射线检测的不清晰度时，由于不同方向不清晰度可能不同（特别是数字射线检测技术中），透照时应考虑双丝型像质计的放置方向。透照后，从获得的图像确定射线检测不清晰度。

简单时，采用目视直接观察，以不能清晰区分的各丝对中直径最大的丝对判定不清晰度。这时候有

$$U = 2d \tag{2-7}$$

式中　　d——该丝对中丝的直径（mm）。

因为

$$R = \frac{1}{2d} \tag{2-8}$$

所以测定的线对值 R（Lp/mm）与测定的不清晰度值 U（mm）的关系为

$$R = \frac{1}{U}$$

图 2-34 是一检测图像的双丝型像质计图像，按上面的规定，从图中可见刚刚不可分辨丝对的编号为 D8，对应的不清晰度为

$$U = 2d = 2 \times 0.16\text{mm} = 0.32\text{mm}$$

比较准确时，则以测定得到的双丝型像质计灰度轮廓图确定不清晰度。这时，通过软件可得到如图 2-35a 所示的双丝型像质计灰度轮廓图，从图中找到第一个调

图 2-34　检测图像上的双丝型像质计图像

制深度（双丝中间谷深幅度降低与两侧峰高幅度比）小于 20% 的丝对，确定射线检测的不清晰度，在该图中为 D8（图 2-35b）。

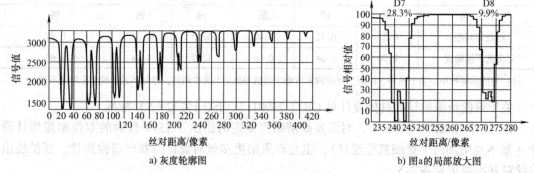

a) 灰度轮廓图

b) 图a的局部放大图

图 2-35　双丝型像质计测定图

更准确时以调制深度为 20% 的丝对确定（目前标准中一般规定如此测定）。为此，常常需要依据图中双丝调制深度第一个大于 20% 的丝对和第一个小于 20% 的丝对，采用（线性）插值计算方法确定不清晰度。例如，从图 2-35b 有

$$d = d_7 - \frac{(d_7 - d_8)(28.3 - 20)}{28.3 - 9.9} = 0.20\text{mm} - 0.45 \times (0.20 - 0.16)\text{mm} \approx 0.182\text{mm}$$

$$U = 2d = 0.364\text{mm}$$

对计算结果，标准中常规定了进一步的取舍要求。

对插值计算方法，在 ASTM E2002-15 等标准中规定采用多项式曲线近似处理，确定调制深度为 20% 的丝对。在多项式曲线近似处理中，关键数据仍是线性插值处理的数据，这使实际结果与线性插值差别不大，特别是考虑对插值计算结果的取舍要求后。

采用双丝型像质计测定射线检测不清晰度，依据的是不清晰度对细节图像的影响。近似分析指出，仅考虑不清晰度影响时，丝对不可分辨时对应的不清晰度为该丝对直径的 2 倍。由于吸收对比度的降低将影响测定时丝对不可分辨性的判断，所以双丝型像质计的丝对必须用高吸收材料制作，以减少吸收对比度降低对测定的影响。

在 ASTM E2002-15 标准中给出，双丝型像质计有效测定不清晰度的射线能量为 600kV 以下。但该标准的前面版本一直给出双丝型像质计有效测定不清晰度的 X 射线管电压不高于 400kV，在 ASTM E2007-00 标准中认为，满意测定的 X 射线管电压不超过 250kV。

*3. 瑞利判据

数字射线检测技术中，采用双丝型像质计测定图像空间分辨力依据的是不清晰度对细节图像对比度和投影宽度的影响，准确测定所使用的判据应该是瑞利判据。如图 2-36 所示，瑞利判据指出，对于两等强度的孤立线的图像，如果中心马鞍点的灰度小于峰值灰度的 0.81（通常简单地用 0.8），则认为此二线可以区分；对于两等强度的孤立点的图像，如果中心马鞍点的灰度小于峰值灰度的 0.735，则认为此二点可以区分。

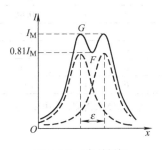

图 2-36　瑞利判据

依据瑞利判据确定的图像空间分辨力，给出的实际是两个细节处于可分辨与不可分辨的临界情况。

*2.7.4　线对卡

在数字射线检测技术中，空间分辨力也可采用线对（测试）卡测定，但其适用的仅是测定检测系统的空间分辨力。也就是，仅适用不存在被检测工件时的空间分辨力测定。

线对卡的基本结构为两部分，高密度材料制作的栅条和低密度材料的（支持）底板。高密度材料常用铅箔，底板常用透明塑料薄板。栅条和间距的占空比为 1:1，栅条密封在底板上。底板厚度约 1mm，铅箔厚度常为 0.05mm。

线对卡的两种典型样式如图 2-37 所示。图 2-37a 为楔形线对卡，其栅条和间距的宽度由宽到窄变化，但各处的占空比总是 1:1。图 2-37b 是矩形线对卡，其由一组组不同宽度（占空比总是 1:1）的栅条和间距的线对构成。我国标准 GB/T 23903—2009 规定了类似的两种样式线对卡。

采用线对卡测定时，以刚刚不能区分条和空隙的线对确定空间分辨力线对值或对应的不清晰度值。

对于楔形线对卡，可直接读出线对值，使用方便，但测定值不精确。对于矩形线对卡，应按线对上方的方块标记数出刚刚不能区分线对的顺序位置，然后查表 2-6 得到相应的分辨力值，测定值比较精确。我国标准 GB/T 23903—2009 规定的矩形线对卡可直接读出线对值，

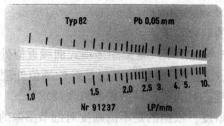
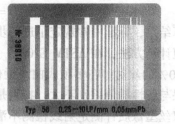

| a) 楔形线对卡 | b) 矩形线对卡 |

图2-37　线对测试卡的两种样式

但仅有 15 个线对值：2.0Lp/mm、2.24Lp/mm、2.5Lp/mm、2.8Lp/mm、3.15Lp/mm、3.55Lp/mm、4.0Lp/mm、4.5Lp/mm、5.0Lp/mm、5.6Lp/mm、6.3Lp/mm、7.1Lp/mm、8.0Lp/mm、9.0Lp/mm、10.0Lp/mm。从得到的线对值，可按 $U = 1/R$ 给出对应的不清晰度值。

表2-6　矩形线对卡的分辨力值　　　　　　　　　　　　　（单位：Lp/mm）

标记号①	标记线对的分辨力值	后续线对的分辨力值
1	0.25	0.275、0.30、0.33、0.36、0.40、0.44
2	0.48	0.52、0.57、0.63、0.69、0.76、0.83、0.91
3	1.0	1.1、1.2、1.3、1.45、1.6、1.75、1.9
4	2.1	2.3、2.5、2.75、3.0、3.3、3.6
5	4.0	4.4、4.8、5.2、5.7、6.3、6.9、7.6、8.3、9.1
6	10.0	9.1、8.3、7.6、6.9、6.3、5.7、5.2

① 标记为线对测试卡中线对上方的方块，标记号按图2-37b从左向右顺序为1、2、…6。

复 习 题

一、选择题（将唯一正确答案的序号填在括号内）

1. 从探测原理考虑，下面列出的辐射探测器类型中，错误的是（　　　）

A. 气体辐射探测器　　　　　　　　　　　B. 固体辐射探测器

C. 半导体辐射探测器　　　　　　　　　　D. 闪烁辐射探测器

2. 对于工业数字射线检测技术，下面列出的常用辐射探测器中，错误的是（　　　）

A. 非晶硅探测器　　　　　　　　　　　　B. 成像板（IP板）

C. 图像增强器　　　　　　　　　　　　　D. 气体探测器

3. 从使用角度，下面列出的应关心的辐射探测器主要性能指标中，错误的是（　　　）

A. 像素尺寸　　　　B. 动态范围　　　　C. 适用能量范围　　　　D. 尺寸与重量

4. 下面关于分立辐射探测器的叙述中，错误的是（　　　）

A. 结构中具有分立的辐射探测单元　　　　B. 可直接给出数字化检测图像

C. 非晶硅探测器属于分立辐射探测器　　　D. 均为直接转换辐射探测器

5. 下面列出的辐射探测器基本性能项目中，正确的是（　　　）

A. 基本空间分辨力与规格化信噪比　　　　B. 基本空间分辨力与动态范围

C. 基本空间分辨力与能量范围　　　　　　D. 基本空间分辨力与灵敏度

6. 下面列出的有关辐射探测器系统基本空间分辨力的叙述中，错误的是（　　　）

A. 基本空间分辨力等于检测图像不清晰度的 1/2

B. 基本空间分辨力表征了探测器系统分辨几何细节的最高能力

C. 基本空间分辨力决定于探测器系统的固有不清晰度

D. 基本空间分辨力限定了检测系统可实现的最高空间分辨力

7. 对于分立辐射探测器，下面给出的决定其基本空间分辨力大小因素中，正确的是（　　）

A. 像素尺寸　　　　　　　　　　B. 检测布置放大倍数

C. 采用射线能量　　　　　　　　D. 试件材料

8. 下面给出的关于规格化信噪比叙述中，正确的是（　　）

A. 按基本空间分辨力决定的信噪比　　B. 按射线能量决定的信噪比

C. 按放大倍数决定的信噪比　　　　　D. 探测器可获得的最高信噪比

9. 关于非晶硅辐射探测器，下面给出的叙述中，存在错误的是（　　）

A. 它是一种直接转换的辐射探测器　　B. 结构包括闪烁体、非晶硅层和 TFT 阵列

C. 闪烁体将辐射转换为光　　　　　　D. 非晶硅层将光转换为电信号

10. 关于非晶硒辐射探测器，下面给出的叙述中，存在错误的是（　　）

A. 是一种直接转换的辐射探测器　　　B. 结构包括闪烁体、非晶硒层和 TFT 阵列

C. 非晶硒层将射线转换为电信号　　　D. 直接给出数字检测图像

11. 下面有关 IP 板探测器的叙述中，错误的是（　　）

A. IP 板结构的核心是荧光物质层

B. 荧光层由特殊的荧光物质构成

C. 荧光层可将射线信息以潜在图像保存

D. 采用电子激发可将射线信息转化为可见的图像

12. 对于 IP 板辐射探测器系统，下面列出的组成项目中，错误的是（　　）

A. IP 板　　　　　　　　　　　　B. IP 板图像读出装置

C. A/D 转换器　　　　　　　　　D. IP 板图像读出软件

13. 对于 IP 板辐射探测器系统，下面列出的影响其基本空间分辨力的项目中，错误的是（　　）

A. IP 板本身性能　　　　　　　　B. 被检验试件材料

C. IP 板图像读出装置性能　　　　D. IP 板图像读出软件与设置参数

14. 对于编号标志为"10FEJB"的丝型像质计，下列叙述中，错误的是（　　）

A. 丝型像质计的材料为钢（Fe）　　B. 最细金属丝的编号为 10（直径为 0.40mm）

C. 是我国机械行业标准的丝型像质计　D. 丝型像质计金属丝直径公比近似为 1.25

15. 下列关于双丝型像质计叙述中，错误的是（　　）

A. 双丝型像质计的基本结构是 13 对平行放置的丝对

B. 编号为 8 的丝对直径为 0.16mm、材料为铂，对应的不清晰度 0.32mm

C. 目前双丝型像质计可在各种检测条件下检测图像的不清晰度

D. 双丝型像质计测定不清晰度依据的是不清晰度对细节图像的影响

16. 采用双丝型像质计测量检测图像时，若刚刚不能分辨为丝对的丝径为 0.20mm，下面给出的检测图像空间分辨力线对值中，正确的是（　　）

A. 5Lp/mm　　　　　　B. 4Lp/mm　　　　　　C. 3Lp/mm　　　　　　D. 2.5Lp/mm

透输出

二、判断题（判断下列叙述是正确的或错误的，正确的划○，错误的划×）

1. 辐射探测器，按原理可分为三类：气体辐射探测器、闪烁辐射探测器、半导体辐射探测器。（　　）

2. 半导体辐射探测器在辐射照射下可产生电子-空穴对，在电场作用下可引起电信号。（　　）

3. 规格化信噪比与基本空间分辨力构成了辐射探测器的基本性能。（　　）

4. 基本空间分辨力是辐射探测器的基本性能之一，它决定了检测技术系统不采用放大透照技术时可实现的最高细节分辨能力。（　　）

5. 在一定照射剂量范围内，探测器规格化信噪比随照射剂量平方根增大而增大。（　　）

6. 分立辐射探测器的规格化（标准化、归一化）信噪比决定于辐射探测器的结构特性，与采用的射线检测技术无关。（　　）

7. 非晶硅辐射探测器由闪烁体、非晶硅层（光电二极管阵列）、TFT阵列（大面积薄膜晶体管阵列）等构成。它是一种直接转换辐射探测器。（　　）

8. 在非晶硅分立辐射探测器中，非晶硅层（光电二极管阵列）将入射射线转换为检测信号。（　　）

9. 非晶硒分立辐射探测器，由闪烁体将入射射线转换为检测信号，它是一种直接转换型辐射探测器。（　　）

10. CCD和CMOS辐射探测器，都采用闪烁体将射线转换为光，然后由感光器件将光信号转变为电信号。（　　）

11. IP板采用特殊的荧光物质探测射线，这种荧光物质可以近似稳定地储存照射的射线信号。（　　）

12. IP板探测器系统的性能，决定于IP板本身的性能，与IP板图像读出单元的性能和图像读出设置的参数无关。（　　）

13. 在A/D转换器中，转换过程包括取样、保持、量化、编码四个步骤。（　　）

14. 平板孔像质计的EPS灵敏度与阶梯孔像质计灵敏度意义相同。（　　）

15. 双丝型像质计编号为1的丝对的丝材料为钨，直径为0.80mm。（　　）

16. 一般说，双丝型像质计只适用于测定数字射线检测系统的空间分辨力。（　　）

三、问答题

1. 简单说明辐射探测器系统概念。

2. 简单说明辐射探测器系统的基本性能。

3. 简述非晶硅辐射探测器的基本结构与射线信号转换过程。

4. 简述非晶硒辐射探测器的基本结构与射线信号转换过程。

5. 简述CR技术成像板（IP板）的基本结构与射线探测原理。

6. 简述图像数字化的基本过程。

7. 简述双丝型像质计的基本设计。

8. 简述使用双丝型像质计测定射线检测不清晰度的方法。

第 3 章　数字射线检测基本理论

3.1　数字图像概念

对于数字射线检测技术，需要建立起数字图像概念。

3.1.1　数字图像的基本概念

图 3-1 是某物体的模拟图像与数字图像。模拟图像以连续性改变给出物体改变的情况，而数字图像则是以阶跃式改变给出物体改变的情况。

数字图像由一个个分立小区构成，这些分立小区是数字图像的基本单元，称为像素（像元）。例如，对二维平面数字图像，像素是一个小平面区，图像则为由 M 行 $\times N$ 列个像素（即 $M \times N$ 个像素）构成的一个矩阵。对三维立体数字图像，像素是小（立方体）体积元，整个图像则由一系列小体积元构成。每个像素是图像的一个尺寸大小固定的小区，在该区内具有单一的像素值。这是数字图像的基本特点。

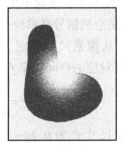

a) 模拟图像　　　　　b) 数字图像

图 3-1　数字图像与模拟图像的比较

像素尺寸是描述数字图像的一个基本概念。像素尺寸定义为图像行或列中相邻二像素中心的距离。像素尺寸常记为 P，单位为毫米（mm）或微米（μm）。像素在不同方向可以具有不同尺寸。对平面数字图像，通常情况下像素为正方形，在不同方向具有相同尺寸。

从模拟图像经过图像数字化过程可以得到数字图像。

数字射线检测技术得到的数字图像一般是灰度图像。对于灰度数字图像，像素是一个尺寸大小固定的小灰度区。在一个像素区图像具有单一的灰度值。图 3-2 显示的是一焊接裂纹的模拟图像和经过数字化过程得到的数字图像（为显示数字图像特点，两图均是放大的图像）。从它可看到数字射线检测图像的特点。

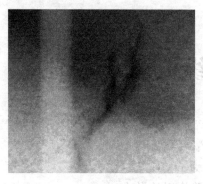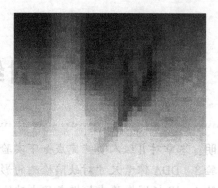

a) 模拟图像　　　　　　　　　　　　b) 数字图像

图 3-2　裂纹的模拟图像和数字图像

　　数字射线检测技术得到的数字图像（像素）灰度值，实际是检测信号按一定线性关系转换的、在显示器上目视可见图像（亮度）的数值。这样，可简单地认为图像灰度实际是图像亮度。对于彩色数字图像，由于显示颜色由红、绿、蓝三个基本色决定，因此每个像素有确定的红、绿、蓝三色数值。

3.1.2　数字图像的空间频率

　　空间频率是描述数字图像的另一个概念。

　　空间频率是类似于时间频率的表示空间周期重复现象的概念。理论上，空间频率描述的是在空间按正弦规律变化的周期现象。空间频率的常用单位为"线对/毫米"（Lp/mm）或"线对/厘米"（Lp/cm）。空间频率值常简单用"线对值"，即单位长度内的线对数表示。简单说，"一个线对"表示的是空间信号在单位长度内存在一个周期的信号。

　　数字图像的空间频率可从像素尺寸确定。对于像素尺寸为 P（mm）的数字图像，由 Nyquist 采样理论可以得到其对应的空间频率 f（Lp/mm）为

$$f = \frac{1}{2P} \tag{3-1}$$

　　例如，数字图像的像素尺寸 P 为 0.2mm，则该数字图像的空间频率为 2.5Lp/mm。显然，若在不同方向上像素尺寸不同，则数字图像在不同方向也将有不同的空间频率。

　　在数字射线检测技术中，用金属丝对（一个丝对为一根一定长度的金属丝与相邻的等于其直径的空隙）来产生近似正弦规律变化的空间信号。更简单的是采用矩形条对（一个条对为一个一定长度的条与相邻的等于其条宽度的空隙，也称为线对）来产生近似正弦规律变化的空间信号。所用的金属丝或矩形条的材料，对射线应具有很强的吸收特性。这时，一个线对指的是一个丝对或一个条对。用它们测定的数字射线检测图像的空间频率线对值，表示的是检测图像在单位长度内可分辨（识别）的线对数（可识别的最小直径丝对或最小宽度条对对应的线对值）。例如，用金属丝对（双丝型像质计）测定的检测图像的空间频率为 5Lp/mm，则表示该检测图像可分辨的丝对中，最小的丝径为

$$d = \frac{1}{5} \times \frac{1}{2}\text{mm} = 0.1\text{mm}$$

**3.1.3 灰度

1. 灰度的基本概念

灰度是显示技术的一个基本的，但未进行明确定义的术语。

灰度概念是基于眼睛视觉的光觉和色觉。物体的颜色可分为彩色和非彩色。非彩色物体对于可见光谱的反射（或发射）无选择性，即对可见光谱的各个波长具有相同的反射率（发射率）。非彩色指白色、黑色和从白色渐变到黑色的深浅不同的灰色。当物体对可见光谱各波长部分的反射率都均匀地高于80%~90%时，物体为白色，反射率低于4%时物体为黑色，反射率处于二者之间则形成不同深浅的灰色。粗略地说，灰度是对处于一定亮度范围的非彩色进行再区分的术语，不同灰度表示亮度不同的非彩色。

对于显示技术，灰度的基本意义是将信息转换为可见信息时显示图像的明暗层次。它是将输入驱动信号对应（可产生）的显示亮度范围，区分为不同（灰度）级别，在显示屏上给出图像的不同明暗层次。图像的不同明暗程度对应于不同灰度级别。

在显示技术中，灰度级别实际是亮度级别，只不过是按一定规则转换了的亮度级别。例如，对于数字图像，其灰度级别是对输入驱动信号对应（可产生）的显示亮度范围。图像进行数字化量化后就形成对应的灰度级别。对某一输入驱动信号对应的显示亮度范围，数字化量化位深度（bit 值）不同，对应产生的灰度级别也不同。例如，对 8bit 的量化位深度，将形成从 0 到 255 的 256 个灰度级别，而对于 12bit 的量化位深度，将形成从 0 到 4095 的 4096 个灰度级别。两端的灰度级别（0 与 255 或 4095）分别对应于显示图像的白色与黑色（负像观察情况）。

一幅显示图像的灰度级指的是图像区分出的灰度级别数，图像某部分的灰度值指的是该部分的灰度级别值。

为使图像在显示屏上能显示清晰的明暗层次，图像必须有足够的灰度级。

2. 数字射线检测技术的像素灰度值

对于工业数字射线检测技术，一般获取的是数字灰度图像。

数字灰度图像的像素值就是像素的灰度（级别）值。该值为一正整数，与射线剂量呈线性关系。即像素的灰度值与像素（单元区）接受的射线剂量成正比（当剂量为零时，对应的像素的灰度值也为零）。其原因在于，探测器设计在对射线信号的线性响应区，对输入显示器的驱动信号的数字化量化采用的是线性（等间隔）量化，所给出的灰度级别是对应于数字化量化的二进制数据（对驱动信号对应的亮度范围重新）划分的亮度级别。因此形成的灰度级别与驱动信号对应的亮度级别必然呈线性关系。例如，对于 8bit 的量化位深度，灰度级将按对应的数字化量化的二进制数据构成 256 个灰度级。

应注意的是，基于眼睛的视觉特性，显示的图像灰度级别并不等于眼睛可分辨的灰度级别。有文献给出，在理想状态下眼睛可分辨的灰度级别最多为 500（也有文献给出眼睛可分辨的灰度级别最多为 100）。

*3.1.4 数字图像文件格式

保存获得的数字图像需要选择图像文件的存储格式，大多数图形应用程序都允许以不同格式保存图像。对于数字射线检测，可采用的图像文件格式主要是 BMP、TIFF、JPEG、GIF、PNG 等，一个特殊的图像文件格式是 DICONDE。

（1）BMP 格式（bitmap）　BMP 格式是 Microsoft 公司给出的用于 Windows 操作系统的格式。在 Windows 环境下运行的图像处理软件都支持 BMP 格式。它是一种无压缩类型文件，其文件大，但存储信息简单。

（2）TIFF 格式（tagged image file format，标志图像文件格式）　TIFF 格式是最常用的图像文件格式之一，几乎可在每一种图形应用程序中应用。它支持单色图像、真彩色图像、灰度图像等。这种格式存储了图像大量信息，但存储文件比较大。

（3）JPEG 格式（joint photograohic experts group，联合图像专家组格式）　JPEG 格式是由 ISO 等组织共同推出的图像格式，主要用于图像的压缩存储，可在 Windows 等多种系统中应用。为了高效率压缩文件，JPEG 格式将丢弃图像中的一些信息，因此图像不能精确地还原。但对于人的眼睛，很难察觉所丢弃的信息。这种格式存储图像的文件较小，细节不很丰富。它有不同压缩水平，被广泛使用。

（4）GIF 格式（graphics interchange format，图像交换格式）　GIF 格式是一种基于 8bit 的简单格式，它以较小的文件存储图像，具有较好的细节，多用于简单图像和草图型图像。

（5）PNG 格式（portable network graphics）　PNG 格式是按开放源创建的文件格式，是有损失的压缩文件格式，最适宜编辑图片。

（6）DICONDE 格式　在数字射线检测领域经常使用的一种特殊图像数据文件格式是 DICONDE。DICONDE 是"无损检测的数字成像与通信"（digital imaging and communication in nondestructive evaluation）的缩写，它基于的是 DICOM 标准（医学中的数字成像与通信，digital imaging and communication in medicine），该标准是由美国放射学学会（ACR）、美国电气制造商协会（NEMA）及其他一些标准化组织制定的国际性标准，其规范了图像数据的获取、储存、归档。按照 DICONDE 的规定，可以使无损检测的数字成像与数据获取设备之间互通，保证这些设备之间的通信不会导致信息丢失。

3.2　图像数字化基本理论

3.2.1　图像数字化过程

从模拟图像转变为数字图像需要经过图像数字化过程。简单地说，图像数字化过程主要是采样（抽样，取样）和量化。

采样是对连续信号图像以一定的采样孔径（点）和一定的间距对图像信号抽样，将图像信号转换为离散信号序列，得到离散信号组成的图像。图 3-3 是图像采样过程示意图。可见，图像采样是以图像的有限个信号值（离散值）表示连续信号图像的过程。

两个采样点中心的间距构成"采样间隔"，它给出了数字图像的像素尺寸。图 3-4 显示了采样间隔与像素尺寸概念关系。采样间隔影响数字图像分辨细节的能力，图 3-5 显示了采样间隔的这种影响。从图中可以清楚看到，当采样间隔较大时，图像细节将丢失，无法识别和分辨。数字化的采样过程可以采用不同的采样方式，因此在不同方向可能给出不同的像素尺寸。但通常采用的是等间隔采样方式，给出的数字图像的像素一般为正方形。

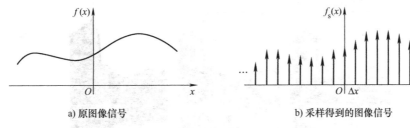

a) 原图像信号　　　　　　　　　　b) 采样得到的图像信号

图 3-3　图像采样过程示意图

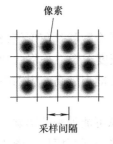

图 3-4　采样间隔与像素尺寸

  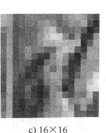

a) 512×512　　　　　b) 32×32　　　　　c) 16×16

图 3-5　采样间隔的影响

量化过程将采样点（原来连续变化）的幅值转变为有限个离散值。或者说，是用有限个允许值替代原来的精确值。

量化的常用方法是等间隔量化（线性量化）。即所采用的有限个允许值等间隔地分布在采样值可能的取值范围。图 3-6 是等间隔量化过程的示意图（图中 A 为原连续变化的幅值，D 为量化后值，只能取刻度点的值）。也存在非线性量化。对于等间隔量化，如果信号的最大幅值为 K，量化幅值为 Δ，离散值的个数 G 则为

$$G = \frac{K}{\Delta}$$

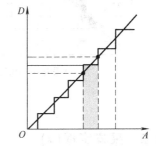

图 3-6　量化过程与量化误差

一般采用以比特（bit）为单位的值（B）表示量化后离散值的个数。B 值按下式定义

$$B = \log_2 G = \log_2 \frac{K}{\Delta}$$

离散值的个数 G 则为

$$G = 2^B \tag{3-2}$$

离散值的个数称为量化级数，用 B 值（bit，比特）表示的离散值个数常称为幅值数字化"位"数，或称为量化位数（量化精度）。例如，幅值数字化为 12bit（12 位），则是以最大幅值的 $2^{12} = 4096$ 分之一为量化幅值，因此图像的离散值个数为 $2^{12} = 4096$。

量化必然是将分布在某一范围内的幅值均量化为某个数字化的幅值，因此量化过程必然产生误差。从此可以理解量化位数（或级数）对图像识别细节能力的影响，图 3-7 显示了量化位数（或级数）的这种影响。显然，量化级数少，将会丢失细节信息；量化级数足够多才能保留需要的细节信息。

a) 256级　　　　　b) 8级　　　　　c) 2级

图 3-7　量化级数的影响

对数字射线检测技术得到的灰度图像进行量化，得到的离散值的个数就是灰度值级别数目，就是给出各个像素的灰度值（灰度级）。例如，量化为 8bit 的灰度图像，是将白到黑划分为 256 级灰度。灰度图像划分的灰度级别数越多，其区分对比度的能力越高，识别小细节信息的能力越高。

从上面的讨论可以看到，从模拟图像经过数字化转变为数字图像可能带来的影响。可能产生的影响概括为：可能丢失一些小细节信息，可能模糊或改变一些小细节信息。图 3-8 是这种影响概括的示意图，这提示，必须对图像数字化过程（技术）进行控制。

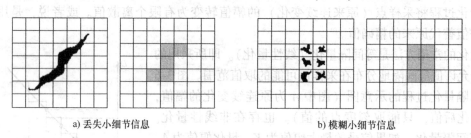

a) 丢失小细节信息　　　　　　　　　　　b) 模糊小细节信息

图 3-8　数字化对图像信息影响

3.2.2　采样定理(*)

采样过程控制的基本要求是应满足采样定理。

1. 采样定理

图 3-9 显示的是采用某一采样间隔对不同频率信号采样的情况。在该采样间隔下，不同的原始信号得到了相同的采样信号（见图中黑点分布）。显然，这时从采样信号不能确定原始信号，或说不能正确地再现原始信号的信息。理论上，这称为出现"混叠"现象。

图像采样过程必须考虑的基本问题是如何保证从采样得到的离散信号序列图像能准确、唯一地恢复原来信号图像。简单理解时，可认为是如何保证

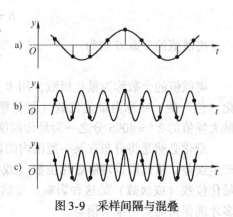

图 3-9　采样间隔与混叠

采样的离散信号序列图像不丢失、不改变原来连续信号图像的信息。

　　研究指出，为保证采样得到的离散信号图像能准确恢复原来连续信号图像的信息，采样间隔应足够小，需要满足的基本条件是采样频率应不小于原信号最高空间频率的 2 倍，这称为采样（取样，抽样）定理。

　　对于一维图像信号 $f(t)$，如果其包含的最高空间频率为 f_m，若记 f_s 为采样频率，则采样定理要求

$$f_s \geqslant 2f_m \tag{3-3}$$

一般称其为奈奎斯特（Nequist）采样（取样，抽样）定理。关于采样定理的进一步理解，可参阅本书附录 B。

*2. 采样间隔控制

　　对于空间采样，如果采样间隔为 P_s（mm），则对应的（空间）采样频率为

$$f_s = \frac{1}{2P_s}$$

其单位一般为 Lp/mm。如果图像的最高空间频率由尺寸为 D（mm）的细节决定，则其对应的最高空间频率为

$$f_m = \frac{1}{2D}$$

按采样定理，则容易得到

$$P_s \leqslant \frac{1}{2}D \tag{3-4}$$

　　对于二维图像信号，同样需要考虑采样定理问题。这时，在两个方向（x，y 方向）都需要考虑采样间隔。它们都必须满足采样定理的要求，否则会造成虚假信号，不能正确地再现原来信号的信息。

*3.2.3　量化位数

　　在图像数字化过程中，对量化过程的主要控制是量化位数。量化位数的基本要求是保证量化分辨力小于最小输入信号、量化最大值大于最大输入信号，使量化的动态范围不小于（所检验的）输入信号的动态范围（dB）。即需要的最小 A/D 转换位数可由需要检测信号的动态范围决定。

　　基本要求是，A/D 转换位数 B（bit）应不小于需要检测信号的动态范围（dB）。

　　由于 A/D 转换器的动态范围（dB）为（两个电压比）

$$20\lg\left(\frac{2V_m}{\Delta}\right) = 20\lg(2^B) = 6B$$

式中　V_m——最大输入信号（$-V_m \sim V_m$）；

　　　　Δ——量化间隔。

因此应要求此动态范围不小于检测输入信号的动态范围：

$$6B \geqslant 检测输入信号的动态范围（dB） \tag{3-5}$$

例如，当检测信号的变化范围达到 $10^4 : 1$ 时，因

$$动态范围 = 20\lg 10^4 = 80dB$$

应要求 A/D 转换位数 B 为

$$6B \geq 80$$

$$B \geq \frac{80}{6}bit \approx 13.3bit$$

实际应取不小于 14bit。

由于人类视觉对灰度分辨能力的限制，一般认为黑白灰度图像采用 8bit 左右的量化，就可获得眼睛认为清晰的图像。但在数字射线检测技术中，由于可进行数字图像处理（例如，开窗显示局部），为了获得更多的细节信息，则希望达到更高的量化位数。但实际会因 A/D 转换器精度的限制，以及存在的噪声信号影响，不可能将量化幅值无限制地缩小。

3.3　数字射线检测图像质量

表征数字射线检测图像质量的三个基本参数是对比度、空间分辨力和信噪比。它们决定了检测图像的细节（缺陷）识别和分辨能力。图 3-10 是从小厚度差检测图像理解三个参数的示意图。

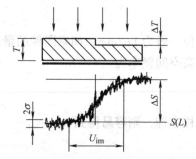

图 3-10　检测图像质量三个参数的示意图

3.3.1　检测图像对比度

检测图像的对比度常记为 C，其定义为检测图像上两个区的信号差 ΔS 与图像信号 S 之比，即

$$C = \frac{\Delta S}{S} \qquad (3-6)$$

它表征的是检测图像分辨厚度差（或密度差）的能力。对数字射线检测技术，图像信号 S 通常是图像亮度（灰度）L，因此图像对比度又可写为

$$C = \frac{\Delta L}{L}$$

对于小厚度差 ΔT，其射线检测技术的物体对比度为

$$\frac{\Delta I}{I} = -\frac{\mu \Delta T}{1+n}$$

式中　I——射线强度；

　　　μ——射线的线衰减系数；

　　　n——散射比（到达探测器的一次射线强度与散射线强度比）；

　　　ΔI——小厚度差引起的一次射线强度差。

由于探测器（系统）工作在线性转换区，通常可认为在显示屏幕上给出的图像亮度信号 L（或灰度信号）与射线强度呈线性关系。即屏幕的亮度 L 与射线强度 I 的关系可写为

$$L = kI$$

k 为常数，因此有

$$\frac{\Delta S}{S} = \frac{\Delta L}{L} = \frac{\Delta I}{I} = -\frac{\mu \Delta T}{1+n}$$

故，对小厚度差的图像对比度可以写成

$$C = -\frac{\mu \Delta T}{1+n} \tag{3-7}$$

即检测图像对比度由射线检测技术获得的（物体）对比度决定。实际上它还会受到图像数字化过程、图像空间分辨力的影响。

3.3.2 检测图像空间分辨力(*)

检测图像的空间分辨力表征的是图像分辨细节能力。它限定了图像可以分辨的细节的最小间距。图 3-11 显示了检测图像空间分辨力对图像分辨细节的影响。图中从左向右是空间分辨力依次增高的三个检测图像，可见空间分辨力高的检测图像给出清晰的细节（图中上方的两个点）图像，空间分辨力低的检测图像不能反映细节的真实情况。

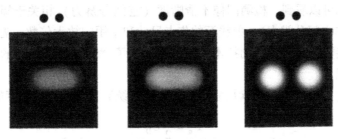

图 3-11 空间分辨力对细节图像的影响示意图

空间分辨力通常用图像不清晰度或图像可分辨的最高空间频率表示。此外，也可以用单位长度内的像素个数或用像素尺寸表示。不清晰度单位通常是 mm（毫米），空间频率常用的单位是 Lp/mm（线对/毫米）。

1. 检测技术的不清晰度

不清晰度可以归纳为几何不清晰度 U_g 和探测器固有不清晰度 U_D。检测技术总的不清晰度 U 由几何不清晰度和探测器固有不清晰度决定。可以采用平方关系（欧洲标准、国际标准化组织标准）$U^2 = U_g^2 + U_D^2$；也可以采用立方关系（美国标准）$U^3 = U_g^3 + U_D^3$。将几何不清晰度写为

$$U_g = \phi(M-1)$$

这样，检测技术总的不清晰度则为

$$U = \sqrt{[\phi(M-1)]^2 + U_D^2} \tag{3-8}$$

或

$$U = \sqrt[3]{[\phi(M-1)]^3 + U_D^3} \tag{3-9}$$

式中 ϕ——射线源焦点尺寸；

　　M——透照布置的放大倍数，$M = F/f$（F 为射线源至探测器距离，f 为射线源至工件表面距离）。

引用探测器（系统）的固有不清晰度与探测器（系统）基本空间分辨力关系 $U_D = 2SR_b$ 可以改写上述关系。

2. 检测图像不清晰度

检测图像不清晰度 U_{im} 是在物体（工件）处测定的不清晰度，因此它与检测技术总的不清晰度 U 的关系为

$$U = MU_{im}$$

这样简单地有

$$U_{im} = \frac{1}{M}\sqrt{[\phi(M-1)]^2 + U_D^2} \tag{3-10}$$

或

$$U_{im} = \frac{1}{M}\sqrt[3]{[\phi(M-1)]^3 + U_D^3} \tag{3-11}$$

从这些关系式可以看到，检测图像不清晰度（空间分辨力）相关于辐射探测器的固有不清晰度（或基本空间分辨力）、射线源的焦点尺寸和采用的放大倍数。需要注意的是，上面关系式中对间接数字化射线检测技术实际已经引用了"探测器系统"的固有不清晰度和基本空间分辨力概念。

引用探测器（系统）有效像素尺寸与探测器（系统）的固有不清晰度的关系，即

$$P_e = \frac{1}{2}U_D$$

可以改写上述关系

$$U_{im} = \frac{1}{M}\sqrt{[\phi(M-1)]^2 + (2P_e)^2} \tag{3-12}$$

或

$$U_{im} = \frac{1}{M}\sqrt[3]{[\phi(M-1)]^3 + (2P_e)^3} \tag{3-13}$$

实际处理时，一般用探测器（系统）像素尺寸作为近似的有效像素尺寸。

实际工件总是具有一定厚度，不同厚度部位将具有不同的放大倍数，因此工件的不同厚度部位也将具有不同空间分辨力，尽管多数情况下差别可能不大。

3. 图像不清晰度与空间频率之间的关系

图像空间分辨力的不清晰度与空间频率互为倒数关系。若记图像不清晰度值为 U_{im} （mm）、图像空间频率为 R_{im} （Lp/mm），则它们的关系为

$$R_{im} = \frac{1}{U_{im}} \tag{3-14}$$

例如，某图像的不清晰度为 0.2mm，则对应的空间频率为 5Lp/mm。

*4. 图像不清晰度、空间频率、像素数、像素尺寸之间的关系

图像空间分辨力有时也用单位长度（常用 1mm）内含有的像素数目表示。像素数与空间频率的基本关系是 1Lp/mm 内含有 2 个像素。

若记 1mm 长度内含有的像素数目为 N_0，则对应的空间频率 R_{im} （Lp/mm）应为

$$R_{im} = \frac{N_0}{2} \tag{3-15}$$

这样，如果像素尺寸为 P（mm），因 $P = 1/N_0$，故有（空间采样频率与像素尺寸关系）

$$R_{im} = \frac{1}{2P}$$

由于 $R_{im} = 1/U_{im}$，故也就有

$$U_{im} = \frac{2}{N_0} = 2P$$

它们给出了检测图像空间分辨力与像素尺寸或单位长度内像素数间的关系。

＊5. 检测图像不清晰度关系式导出说明

检测图像不清晰度关系式，实际可从 ASTM E1000 - 17《射线实时成像技术导则》标准中的可分辨细节尺寸与射线源焦点尺寸、放大倍数、不清晰度之间的关系式（从最初版本标准就给出），结合图像数字化采样定理给出。

ASTM E1000 - 17 标准规定：一般情况下，认为最小可分辨的细节（d 为细节尺寸）由总的不清晰度控制。应满足的关系是 $Md \geq U$，这样得到图像可分辨最小细节尺寸应等于（U_S 为屏的固有不清晰度）

$$d = \frac{1}{M} \sqrt[3]{\phi^3 (M-1)^3 + U_S^3}$$

设形成的图像不清晰度为 U_{im}，则该图像的（空间）采样频率为

$$f_S = \frac{1}{U_{im}}$$

由于图像可分辨的最小细节尺寸为 d，则图像的最高空间频率为

$$f_m = \frac{1}{2d}$$

按采样定理，则两者必须满足的基本关系是 $f_S = 2f_m$，这样有

$$U_{im} = d$$

也即

$$U_{im} = \frac{1}{M} \sqrt[3]{\phi^3 (M-1)^3 + U_S^3}$$

用探测器固有不清晰度替代屏的固有不清晰度，就给出数字射线检测图像不清晰度关系式。从上述过程可以看到该关系式包含的更多意义。

3.3.3　检测图像信噪比(＊)

检测图像质量的另一主要表征参数是信噪比，它与对比度共同决定了检测图像的细节识别能力，同时影响检测图像可实现的对比度灵敏度。

1. 检测图像质量的信噪比

检测图像信噪比定义为检测图像（某区）的平均信号 S 与图像（该区）信号的统计标准差 σ 之比，常记为 SNR。即

$$SNR = \frac{S}{\sigma} \tag{3-16}$$

信号是探测器对输入检测信号（射线剂量）的响应，噪声是探测器对输入检测信号（射线剂量）响应的波动（偏差）。信噪比是表征检测图像质量的基础性因素，它与对比度共同决定了检测图像识别细节（缺陷）的能力，直接影响检测图像可达到的对比度灵敏度。图 3-12 显示了信噪比对检测图像质量的影响情况。

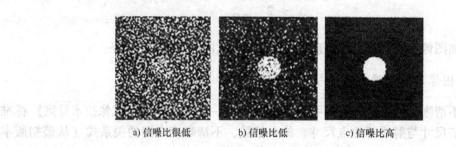

a) 信噪比很低　　　　　b) 信噪比低　　　　　c) 信噪比高

图 3-12　信噪比对图像的影响

透射的射线束信号形成检测图像过程中，在探测器系统中将经过不同的能量转换阶段，这些转换过程的特性与探测器本身的结构、特性相关，也与采用检测技术因素相关。它们决定了检测图像的信号与噪声特点。简单地说，随着曝光量增加，检测图像的信噪比也将提高。为达到希望的检测图像信噪比，必须选择适宜的探测器系统，必须正确确定检测技术参数。

*2. 关于检测图像信噪比的说明

对于灰度图像，若记图像像素的灰度值为 G，则有

$$S = \frac{1}{n}\sum_{i=1}^{n} G_i$$

$$\sigma = \sqrt{\frac{1}{n-1}\sum_{i=1}^{n}(G_i - G_a)^2}$$

式中　G_i——图像像素的灰度值；

　　　n——测定图像区像素的数目；

　　　G_a——测定图像区像素灰度的平均值。

关于噪声，一般认为量子噪声是必须考虑的噪声，量子噪声可认为服从泊松分布。如果形成检测图像信号的平均射线量子数为 N，则简单有

$$\sigma = \sqrt{N}$$

故有

$$SNR = \frac{S}{\sigma} = \frac{N}{\sqrt{N}} = \sqrt{N}$$

即信噪比将随形成检测图像信号的射线量子数的平方根（曝光量平方根）增加。简单地说则是信噪比随曝光量增加而增加。当曝光量增加到一定程度后，探测器结构噪声将限制信噪比的增大。

3.4　检测图像与细节识别和分辨

3.4.1　检测图像与细节识别的关系(*)

在数字射线检测技术中，为讨论检测图像质量与细节识别关系，需要引入对比度噪声比这个新概念。

1. 对比度噪声比

噪声对细节图像的识别显然存在影响，图 3-13 显示了这种情况。为研究存在噪声时细节图像的识别，在数字射线检测技术中引入对比度噪声比概念，通常记为 CNR。对比度噪声比定义为图像两个区的平均信号差值 ΔS 与信号水平的统计标准差 σ（噪声）之比（说明：这实际是以前通常采用的信噪比概念），即

$$CNR = \frac{\Delta S}{\sigma} \tag{3-17}$$

对于细节，ΔS 则为细节图像与背景图像的灰度差。

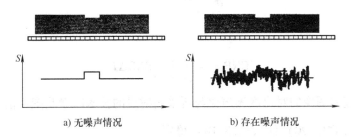

a) 无噪声情况　　　　　　　　　　b) 存在噪声情况

图 3-13　噪声对细节识别的影响

细节的对比度噪声比决定了细节图像的可识别性。也就是说，可识别的细节，其图像的对比度噪声比必须不小于某个阈对比度噪声比——眼睛识别该细节图像所需要的最小对比度噪声比。例如，在美国材料试验学会标准中给出，对于识别平板上的圆柱孔细节，其图像的对比度噪声比应不小于 2.5；对于识别丝细节，其图像的对比度噪声比应不小于 2.0。理论上常认为，识别细节图像的对比度噪声比应不小于 3～5。

2. 检测图像的对比度灵敏度

对比度灵敏度（CS）一般定义式为

$$CS = \frac{\Delta T}{T} \times 100\%$$

式中　T——工件厚度；

ΔT——检验技术可识别的厚度差。

记识别小厚度差 ΔT 需要的对比度噪声比为 CNR_{GBV}（国外标准常用 GBV 表示），检

测图像上小厚度差 ΔT 获得的对比度噪声比为 CNR，则检测图像达到的对比度灵敏度应为

$$CS = \frac{CNR_{GBV}}{CNR} \times \frac{\Delta T}{T} \times 100\% \tag{3-18}$$

对于像质计，对比度灵敏度关系式可以一般地写为

$$CS = \frac{CNR_{GBV}}{CNR} \times \frac{T_{IQI}}{T} \times 100\% \tag{3-19}$$

式中　T_{IQI}——像质计的厚度尺寸；

CNR_{GBV}——识别像质计所需要的对比度噪声比。

即，式(3-18) 仅是式(3-19) 的一种情况。

一般认为，对于平板孔像质计孔的识别有 $CNR_{GBV} = 2.5$、对于丝型像质计丝的识别有 $CNR_{GBV} = 2.0$，而对于较大面积小厚度差的识别则有 $CNR_{GBV} = 1.0$。利用这些数据，则可计算像质计识别情况的检测图像对比度灵敏度。

*3. 检测图像细节识别能力

从对比度噪声比概念定义——式(3-17)，可以容易地改写出式(3-20)

$$CNR = \frac{\Delta S}{\sigma} = \frac{\Delta S}{S} \times \frac{S}{\sigma} = C \times SNR \tag{3-20}$$

对于小厚度差有

$$CNR = -\frac{\mu}{(1+n)}SNR\Delta T \tag{3-21}$$

此式给出了小厚度差图像的对比度噪声比与所采用射线的技术因素及图像信噪比的关系。

将式(3-7) 和式(3-20) 代入式(3-18) 得到

$$CS = \left(-\frac{1+n}{\mu}\right)\frac{CNR_{GBV}}{SNR} \times \frac{1}{T} \times 100\% \tag{3-22}$$

可见，随着信噪比提高，检测图像的对比度灵敏度将提高（对应的值减小）。

它们指出：检测图像的对比度、信噪比直接影响细节图像的识别能力。图 3-14 显示的是信噪比对小球孔识别的影响（图中 11 个孔尺寸分别为：1.40mm，1.25mm，1.06mm，0.95mm，0.83mm，0.65mm，0.60mm，0.53mm，0.49mm，0.46mm 和 0.33mm）。

**4. 关于对比度噪声比概念的进一步说明

对比度噪声比简单说是决定细节可识别性的参数。更重要的意义在于，对于存在噪声的图像，它是以一定概率决定细节识别的参数。即，对于某一细节，检测图像（对该细节图像）所实现的对比度噪声比与识别判据所采用的对比度噪声比，决定了对该细节的正确识别概率（对应存在漏识别概率）和错误识别概率。

通常认为，对存在噪声的图像，细节信号（形成细节图像）与背景信号都服从正态分布。如图 3-15 所示，对比度噪声比则是信号均值与背景均值之差和它们正态分布的标准差（噪声）之比。检测图像中细节图像的对比度噪声比可写为

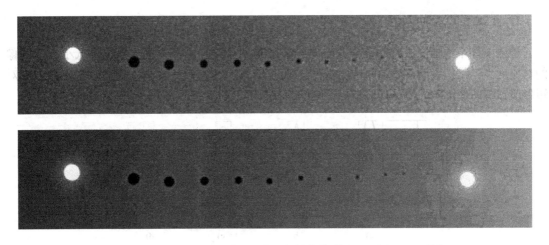

图 3-14 信噪比对小球孔识别的影响（规格化信噪比：上图 220，下图 455）

$$CNR = \frac{G_S - G_B}{\sigma} = \frac{\Delta G}{\sigma}$$

式中 G_S——（细节）信号灰度分布均值；

G_B——背景灰度分布均值；

σ——信号和背景灰度分布的标准差。

设定的识别判据所采用的对比度噪声比可写为

$$CNR = \frac{\Delta G'}{\sigma}$$

如果定义"正确识别概率"为正确识别出细节信号的概率，"错误识别概率"为把背景（噪声）识别为细节信号的概率（图中背景分布的深色区），从图 3-15 可

图 3-15 对比度噪声比概念示意图

见，它们不仅与检测图像实现的对比度噪声比相关，也与采用的识别判据对比度噪声比相关。例如，检测图像实现的对比度噪声比为 3，当要求正确识别概率达到 95%，错误识别概率不超过 9% 时，则应采用的识别判据对比度噪声比应约为 1.34（$\Delta G'/\sigma = 1.34$）；若采用的识别判据对比度噪声比也为 3，则正确识别概率为 50%，错误识别概率不超过 0.14%。

对某细节图像的识别，当简单地要求检测图像应实现一定的对比度噪声比时（实际是同时以此作为细节图像识别判据的对比度噪声比），实际实现的是：正确识别概率为 50%，所存在的错误识别概率则与要求的对比度噪声比相关。例如，ASTM E2698-10 标准简单规定的平板孔 IQI 孔识别的 CNR = 2.5，可给出，正确识别概率为 50%，错误识别概率约为 0.62%。

综上所述，当严格地以概率规定细节（缺陷）识别时，一般需要同时限定检测图像实现的对比度噪声比及采用的识别判据对比度噪声比。

3.4.2 检测图像与细节分辨的关系(*)

检测图像质量与细节分辨的关系，可以从不同方面进行讨论。

1. 检测图像不清晰度对细节图像的影响

检测图像不清晰度（空间分辨力）对细节图像的影响包括两方面，一是降低小细节图像的对比度，二是扩展细节投影图像的宽度。图 3-16 显示了直线不清晰度近似时，不清晰度对矩形缝细节图像影响的情况（假设矩形缝细节在长度方向具有远大于不清晰度的尺寸）。

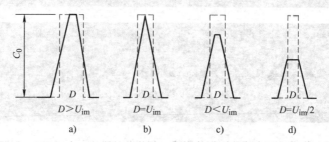

图 3-16 不清晰度对细节图像的影响

图 3-16 中，记细节宽度尺寸为 D，C_0 为 $U_{im}=0$ 时细节图像的对比度，C 为 $U_{im} \neq 0$ 时细节图像的对比度，当细节（仅）投影宽度尺寸小于图像不清晰度时（如细丝），则有

$$C = C_0 \frac{D}{U_{im}} \qquad (3\text{-}23)$$

当细节投影图像各方向尺寸均小于图像不清晰度时（如小圆孔），有

$$C = C_0 \left(\frac{D}{U_{im}} \right)^2 \qquad (3\text{-}24)$$

图像不清晰度对细节投影图像宽度尺寸的扩展影响是使细节投影图像宽度在每侧各增加 1/2 的不清晰度。检测图像不清晰度（空间分辨力）对细节图像的上述影响，直接决定了检测图像对细节的分辨能力。图 3-17 是电阻点焊裂纹分别采用像素尺寸为 $100\mu m$、$200\mu m$ 的 DDA 进行检测的图像。从图中可见，不清晰度小时（像素尺寸小）裂纹细节比不清晰度大时（像素尺寸大）清晰。

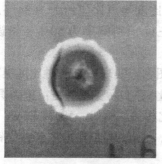　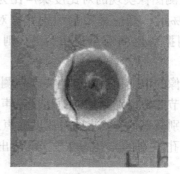

a) 像素尺寸200μm　　　　　　　b) 像素尺寸100μm

图 3-17 不清晰度对裂纹细节分辨的影响

为能分辨细节，必须控制检测图像不清晰度。图 3-18 显示了在直线不清晰度曲线近似下，不清晰度对宽度尺寸为 D 的周期细节图像对比度与分辨影响的一般规律示意图。为能分辨细节，按照采样定理，细节尺寸需要大于检测图像不清晰度（不降低峰对比度）。即可

分辨的细节最小尺寸与检测图像不清晰度的关系为

$$D_{min} \geq U_{im} \qquad (3-25)$$

由于检测图像的不清晰度曲线实际上并不是简单的直线，因此对细节图像对比度、尺寸和细节分辨的影响将比图3-18的情况复杂。上述处理可作为检测图像不清晰度对细节图像影响的近似估计。

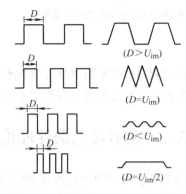

图3-18 不清晰度与细节分辨的示意图

*2. 采样定理确定的图像分辨细节能力

按照采样定理可处理图像不清晰度与所能分辨的细节（缺陷）最小尺寸关系。

采样定理要求

$$f_S \geq 2f_m$$

式中 f_S——采样频率（Lp/mm）；

f_m——检测图像（可实现）的最高空间频率（Lp/mm）。

图像不清晰度决定了采样频率，细节（缺陷）尺寸决定了检测图像希望分辨的空间频率，具体关系为

$$f_S = \frac{1}{U_{im}}, \qquad f_m = \frac{1}{2D}$$

式中 U_{im}——检测图像不清晰度（mm）；

D——细节（缺陷）尺寸（mm）。

这样，按采样定理有

$$\frac{1}{U_{im}} \geq 2\frac{1}{2D}$$

整理得到

$$U_{im} \leq D$$

当射线检测技术不清晰度为 U 时，在一定的放大（M）透照布置下，可分辨的细节（缺陷）最小尺寸满足的关系是

$$\frac{1}{M}U \leq D_{min}$$

从图3-18可以看到，在该条件下可分辨的细节的对比度峰值保持不降低。即按采样定理确定的图像分辨细节条件是保证细节的对比度峰值不降低的分辨条件。

**3. 瑞利判据确定的图像分辨细节能力

在实际中还存在按瑞利判据确定图像分辨细节能力的处理。典型的是采用双丝型像质计测定图像不清晰度的规定。这时，测定的图像不清晰度为

$$U_{im} = 2d$$

因丝对对应的空间频率为

$$f_d = \frac{1}{2d} = f_m$$

图像不清晰度对应的空间频率为

$$f_{\mathrm{m}} = \frac{1}{U_{\mathrm{im}}} = f_{\mathrm{S}}$$

因此按瑞利判据确定图像分辨细节能力的处理，实际对应的是 $f_{\mathrm{S}} = f_{\mathrm{m}}$ 情况。从图 3-18 最下图可以看到，这种处理是（在直线不清晰度近似下）细节进入不可分辨临界情况的分辨条件。

**3.5　细节可识别性理论关系式

细节可识别性理论是构成缺陷检验的核心理论。基于 Rose 定律结合对比度噪声比概念进行讨论，可以系统性给出数字射线检测技术的细节可识别性理论关系式。下面仅给出主要结果，详细讨论可参阅参考文献 [55]。

1. 细节识别的一般关系式

记细节图像投影面积为 A（以图像像素尺寸测定），细节在射线透照方向的高度（厚度差）为 ΔT，检测图像不清晰度为 U_{im}，简单地记细节图像识别的阈对比度噪声比与相关常数的乘积为（K_{PT}），则有

$$(\Delta T)\sqrt{A} = K_{\mathrm{PT}}\left(\frac{1+n}{\mu \mathrm{SNR}}\right)\frac{U_{\mathrm{im}}}{2}$$

该式左侧是细节因素，右侧是技术因素与常数，它给出了细节识别的一般关系式。

2. 典型细节识别的对应关系式

从上面的一般关系式可给出各种细节的具体关系式，但必须做以下处理：第一，对截面厚度变化的细节引入形状修正因子转换为截面等高细节；第二，需要考虑不清晰度对细节图像对比度和图像投影宽度的影响；第三，简单假设射线为平行束（细节较小、焦距较大），细节不存在放大。这样，就可以简单地给出各种细节的具体关系式。对 K_{PT} 分别加上与细节相应的下标，则可写出下面各个关系式。

（1）丝形细节（丝直径为 d）

$$d\sqrt{(F_{\mathrm{S}}d + U_{\mathrm{im}})l}\left[1 - \exp\left(-\frac{bF_{\mathrm{S}}d}{U_{\mathrm{im}}}\right)\right] = K_{\mathrm{PTW}}\left(\frac{1+n}{\mu \mathrm{SNR}}\right)\frac{U_{\mathrm{im}}}{2}$$

$$F_{\mathrm{S}} \approx 0.79; \quad l = 7.6\mathrm{mm}$$

（2）圆柱孔细节（孔直径为 d，孔高度为 h）

$$\frac{\sqrt{\pi}}{2}h(d + U_{\mathrm{im}})\left[1 - \exp\left(-\frac{bd}{U_{\mathrm{im}}}\right)\right]^2 = K_{\mathrm{PTh}}\left(\frac{1+n}{\mu \mathrm{SNR}}\right)\frac{U_{\mathrm{im}}}{2}$$

（3）球孔细节（球孔直径为 D）

$$\frac{\sqrt{\pi}}{2}D(F_{\mathrm{Q}}D + U_{\mathrm{im}})\left[1 - \exp\left(-\frac{bF_{\mathrm{Q}}D}{U_{\mathrm{im}}}\right)\right]^2 = K_{\mathrm{PTQ}}\left(\frac{1+n}{\mu \mathrm{SNR}}\right)\frac{U_{\mathrm{im}}}{2}$$

$$F_{\mathrm{Q}} \approx 0.81$$

（4）矩形缝细节（$\theta = 0$，缝高为 L，缝宽为 W）　矩形缝细节的主要参数如图 3-19 所示，下面仅给出 $\theta = 0$ 时的关系式。

$$L \sqrt{l(W + U_{\text{im}})} \left[1 - \exp\left(-\frac{bW}{U_{\text{im}}} \right) \right] = K_{\text{PTF}} \left(\frac{1+n}{\mu \text{SNR}} \right) \frac{U_{\text{im}}}{2}$$

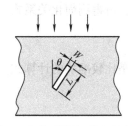

图 3-19　矩形缝细节主要参数

3. 各种典型细节之间的关系式

利用典型细节识别关系式，可以容易地给出不同典型细节在同一数字射线检测技术下的识别对应性，可以解决技术级别近似设计问题。最主要的是建立丝形细节（也就是丝型像质计）与其他细节（球孔、矩形缝等）识别的对应关系式。下面给出部分主要结果。

（1）丝形细节（丝型像质计）与球孔细节识别的对应关系式　建立关系式前一般做出下列近似：认为丝与球孔的识别阈对比度噪声比近似相等；认为不清晰度小于应识别的丝直径和球孔直径，可忽略不清晰度对于对比度的影响。这样，则有

$$\frac{\sqrt{\pi}}{2} D (F_{\text{Q}} D + U_{\text{im}}) = d \sqrt{(F_{\text{S}} d + U_{\text{im}})l} \tag{3-26}$$

式中　d——丝型像质计可识别最细金属丝直径（mm）；

l——丝型像质计金属丝有效长度，$l = 7.6$mm；

F_{S}——丝的形状因子 $F_{\text{S}} = 0.79$；

D——球孔（气孔）直径（mm）；

F_{Q}——球孔的形状因子 $F_{\text{Q}} = 0.81$。

若进一步忽略不清晰度对细节图像面积的影响，式（3-26）可进一步简化为

$$\frac{\sqrt{\pi}}{2} D (F_{\text{Q}} D) = d \sqrt{(F_{\text{S}} d)l}$$

两边平方，则可得到

$$\frac{\pi}{4} F_{\text{Q}}^2 D^4 = F_{\text{S}} d^3 l$$

利用此关系式可处理气孔缺陷与丝型像质计识别的对应关系。

显然，此式与胶片射线照相检测技术常见的关系式 $\pi F D^4 / 4 = d^3 l$ 基本相同，差别仅是在胶片射线照相检测技术中还采用了另一近似 $F = F_{\text{S}} = 0.79 \approx F_{\text{Q}} = 0.81$。即胶片射线照相检测技术中给出的关系式实际是较多近似下的结果。

（2）丝形细节（丝型像质计）与矩形缝细节识别的对应关系式　下面仅讨论假设 $\theta = 0$ 时矩形缝细节与丝型像质计的可识别性关系式。

同样，通常做出下列近似：认为丝与矩形缝的识别阈对比度噪声比近似相等；认为不清晰度小于应识别的丝直径，可忽略不清晰度对丝的对比度的影响。则有

$$L \sqrt{(W + U_{\text{im}})} \left[1 - \exp\left(-\frac{bW}{U_{\text{im}}} \right) \right] = d \sqrt{(F_{\text{S}} d + U_{\text{im}})}$$

式中，$b = 1.6$。对缝宽远小于不清晰度情况，可采用近似关系式

$$1 - \exp\left(-\frac{bW}{U_{\text{im}}} \right) \approx 1 - \left(1 - \frac{bW}{U_{\text{im}}} \right) = \frac{bW}{U_{\text{im}}}$$

这样，可得到简化关系式

$$L \sqrt{(W + U_{im})\frac{bW}{U_{im}}} = d \sqrt{(F_S d + U_{im})}$$

这应是比较准确的计算式。进一步考虑缝宽远小于不清晰度，则上式可简化为

$$LW = \frac{\sqrt{U_{im}}}{b}d \sqrt{(F_S d + U_{im})}$$

利用此关系式可处理根部未焊透缺陷与丝型像质计识别的对应关系。

如果与胶片射线照相检测技术给出的近似关系$(LW)^2 = U(Fd)^3/b^2$比较，这里的关系式增加考虑了不清晰度对丝细节投影图像宽度的影响。

复 习 题

一、选择题（将唯一正确答案的序号填在括号内）

1. 下面关于数字图像像素的叙述中，存在错误的是（　　）

A. 像素是数字图像的基本单元　　　　　　B. 像素的不同方向总是具有相等尺寸

C. 像素区内具有单一的幅度值　　　　　　D. 平面数字图像由像素矩阵构成

2. 如果数字图像的空间频率为2Lp/mm，下面列出的数字图像的像素尺寸中，正确的是（　　）

A. 0.25mm　　　　B. 0.20mm　　　　C. 0.15mm　　　　D. 0.12mm

3. 下面关于图像数字化的叙述中，错误的是（　　）

A. 基本过程是采样与量化　　　　　　　　B. 采样间隔总是大于像素尺寸

C. 采样的基本要求是满足采样定理　　　　D. 量化中采用特定值代替信号准确值

4. 图像数字化过程对检测图像可能的影响，下面叙述中存在错误的是（　　）

A. 采样间隔决定了图像空间分辨力　　　　B. 采样间隔越大数字图像越清晰

C. 量化决定了图像所能显示的灰度级别　　D. 量化位数越大显示的细节情况越多

5. 一幅灰度图像的灰度级别数目为1024，下面给出的其对应的灰度级别中，正确的是（　　）

A. 8bit　　　　B. 10bit　　　　C. 12bit　　　　D. 14bit

6. 下面关于数字射线检测图像质量参数的叙述中，存在错误的是（　　）

A. 参数是对比度、空间分辨力与信噪比

B. 对比度表征检测图像识别厚度差能力

C. 空间分辨力可用图像不清晰度值表示

D. 信噪比不受曝光量影响

7. 下面给出的有关数字射线检测图像信噪比的叙述中，错误的是（　　）

A. 探测器像素尺寸大，得到检测图像信噪比也大

B. 曝光量增大得到检测图像信噪比也会增大

C. 检测图像信噪比影响细节图像对比度

D. 检测图像信噪比影响细节图像不清晰度

8. 下面列出的影响数字射线检测图像空间分辨力的因素中，错误的是（　　）

A. 射线源尺寸　　　　　　　　　　　　B. 探测器系统基本空间分辨力

C. 探测器系统规格化信噪比　　　　　　D. 透照布置的放大倍数

9. 某数字射线检测图像的不清晰度为 0.2mm，下面给出的该数字射线检测图像的空间频率中，正确的是（　　）

　　A. 5Lp/mm　　　　B. 4Lp/mm　　　　C. 3Lp/mm　　　　D. 2.5Lp/mm

10. 下面关于数字射线检测图像的空间分辨力的叙述中，存在错误的是（　　）

A. 空间分辨力决定了图像能分辨的最小细节尺寸

B. 空间分辨力可用图像空间频率的线对值表示

C. 空间分辨力可影响细节图像尺寸

D. 空间分辨力不影响细节图像的对比度

11. 下面关于数字射线检测图像不清晰度对细节图像影响的叙述中，错误的是（　　）

A. 可同时影响细节图像尺寸和对比度　　B. 可使细节图像变得不清晰

C. 可使细节图像对比度减小　　　　　　D. 可使细节图像尺寸减小

12. 为能有效识别数字射线检测图像中的细节图像，下列必须达到规定值的是（　　）

A. 检测图像对比度　　　　　　　　　　B. 检测图像信噪比

C. 细节图像不清晰度　　　　　　　　　D. 细节图像对比度噪声比

二、判断题（判断下列叙述是正确的或错误的，正确的划〇，错误的划×）

1. 平面数字图像由像素矩阵构成，每个像素是图像的一个尺寸大小固定的小区，在该区内具有单一的幅度值。　　　　　　　　　　　　　　　　　　　　　　　　（　　）

2. 图像数字化的基本过程是采样和量化。采样是以一定的采样间隔对图像的抽样过程，量化是抽样图像幅值（数值）离散化过程。　　　　　　　　　　　　　　　　（　　）

3. 图像数字化的采样间隔，影响得到的数字图像的细节分辨能力，但不影响得到的数字图像的细节识别能力。　　　　　　　　　　　　　　　　　　　　　　　　（　　）

4. 图像数字化的量化位数，影响得到的数字图像的细节识别能力。量化位数越大识别细节的能力越强。　　　　　　　　　　　　　　　　　　　　　　　　　　　（　　）

5. 对于图像数字化过程，随着采样间隔增大，可使数字图像变得模糊，甚至不能给出实际图像的形貌。　　　　　　　　　　　　　　　　　　　　　　　　　　　（　　）

6. 对于图像数字化过程，随着量化间隔增大，图像灰度级别数减少，数字图像显示的细节情况也会减少。　　　　　　　　　　　　　　　　　　　　　　　　　　（　　）

7. 数字射线检测图像的对比度，主要决定于采用的射线检测技术的射线能量，它不受检测图像数字化过程的影响。　　　　　　　　　　　　　　　　　　　　　　　（　　）

8. 数字射线检测图像的空间分辨力，决定了检测图像分辨细节能力，同时也会影响细节图像的对比度。　　　　　　　　　　　　　　　　　　　　　　　　　　　（　　）

9. 数字射线检测图像的信噪比，直接影响检测图像的细节识别能力。　　　（　　）

10. 数字射线检测图像的对比度灵敏度随检测图像信噪比增大而提高。　　（　　）

11. 探测器系统的基本空间分辨力，决定了检测图像的最高空间分辨力。　（　　）

12. 数字射线检测图像质量的三个因素中，信噪比是保证检测图像对比度噪声比的因素。　　　　　　　　　　　　　　　　　　　　　　　　　　　　　　　　　（　　）

三、计算题

1. 如果图像的最高空间频率值为2.0Lp/mm，按采样定理要求，计算该图像数字化允许使用的最大采样间隔。

2. 若辐射探测器的基本空间分辨力为200μm，采用的射线源焦点尺寸为0.6mm，透照布置的放大倍数为2，求检测图像不清晰度值。

四、问答题

1. 简述数字图像与模拟图像比较的基本特点。

2. 简述图像数字化的基本过程与可能对图像产生的影响。

3. 简述数字射线检测图像质量的基本因素。

4. 简述影响数字射线检测图像空间分辨力的主要因素。

5. 简述数字射线检测图像空间分辨力对细节图像的主要影响。

6. 简述数字检测技术图像的信噪比与对比度灵敏度的关系。

7. 简述数字检测技术图像的对比度噪声比概念。

第4章 数字射线检测基本技术

> 说明：本章对Ⅱ级人员应完成的实验是：
>
> 实验6 最佳放大倍数试验
>
> 实验7 曝光曲线制作
>
> 实验8 图像软件使用
>
> 实验的具体内容见第7章。其中实验6是演示性实验；实验7学员应独立完成数据处理并绘制出曝光曲线；实验8是操作性实习实验。

4.1 概述

这里讨论的数字射线检测基本技术，针对的是日常工业应用的直接数字化射线检测技术和间接数字化射线检测技术。

直接数字化射线检测技术是采用分立辐射探测器（DDA）实现的检测技术，它直接给出数字射线检测图像。间接数字化射线检测技术主要是采用 IP 板探测器系统等实现的检测技术，它需要单独技术环节完成图像数字化过程，给出数字射线检测图像。

概括直接数字化射线检测技术和间接数字化射线检测技术的检测过程，它们都可分为透照、信号探测与转换、图像显示与评定三个基本阶段。在透照过程，按照射线吸收规律形成反映工件信息的射线强度分布信号，即检测初始信号。在信号探测与转换过程，探测器（系统）对此信号进行探测、转换、（数字化）采样和量化，给出数字化的射线检测图像。在图像显示与评定过程，图像显示与处理单元显示、处理检测图像，供检测人员处理与评定。

对于一项检测工作，为保证满足工件技术条件或验收标准规定的要求（实现缺陷检测要求），或者满足数字射线检测技术标准技术级别规定的检测图像质量要求，上述的数字射线检测技术过程，需要处理的主要技术内容可分为四部分：探测器系统选择（数字射线检测技术系统选择）、透照技术控制、图像数字化技术控制、显示与观察（评定）技术（包括图像处理技术）控制。为保证检测处于稳定可靠状态，还应考虑技术稳定性控制方面。这几个方面共同构成了一个完成检测工作的检测技术系统。

检测技术系统所涉及的各方面的相互关系如图4-1所示。也就是说，完成一项具体检测工作（或实现数字射线检测技术标准的技术级别）需要按照图4-1构成（设计）一个数字射线检测技术系统，主要的处理包括以下方面：

1）从需要检验的缺陷要求，确定必须达到的检测图像质量（或选定技术级别）。

2）从检测图像质量，确定必须选用的探测器系统。

3）从选定的探测器系统，确定透照技术控制、图像数字化技术控制。

图像显示评定技术（显示与观察）是基于眼睛视觉特性设计的技术，一般不具有特定检测工作特性。技术稳定性控制是保证所使用技术系统稳定、检测技术稳定，从而保证检测图像质量稳定的措施，其也具有通用性特点。

可见，构成检测技术系统时，首先需要确定满足缺陷检验要求的技术级别——检测图像质量，然后需要处理的主要是探测器系统选择、透照技术控制、图像数字化技术控制。

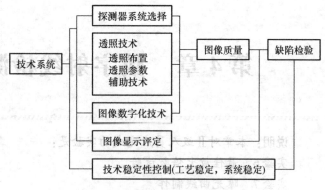

图 4-1　数字射线检测技术系统构成线索

满足技术级别问题，可称为技术级别近似设计问题，本教材将作为单独论题讨论。探测器系统选择、透照技术控制、图像数字化技术控制等问题则是构成数字射线检测技术系统时处理的基本问题，而其中探测器系统选择，则是构成数字射线检测技术系统时需要处理的核心问题。

4.2　探测器系统选择

4.2.1　探测器系统概述

探测器系统，对于直接数字化射线检测技术就是探测器，对于间接数字化射线检测技术，必须同时考虑探测器（如 CR 技术的 IP 板）、相关图像数字化的后续单元（如 CR 技术的 IP 板图像读出装置、软件、参数）。选择探测器系统需要考虑的方面包括一般使用性能、主要技术性能和其他方面。一般使用性能应从检测工件与检测工作特点考虑，主要是射线能量范围、探测器尺寸与结构特点、探测器重量和寿命等。探测器系统的主要性能决定了所构成的检测系统能够实现的缺陷检验能力，应考虑的主要性能是基本空间分辨力（像素尺寸）、信噪比、A/D 转换位数（量化位数）、帧速。其他方面主要是探测器的坏像素情况。

探测器系统的主要性能决定了所构成的检测系统能够实现的缺陷检验能力，表4-1从检测图像成像角度列出了探测器性能的影响。可见，探测器系统性能对于检测信号的探测、转换，直到最后获得的检测图像质量都具有重要影响。

表 4-1　影响检测图像成像质量的探测器因素

因素分类	与探测器相关的方面
影响检测信号因素	射线探测介质的射线吸收；像素器件的填充情况
影响图像噪声因素	射线探测介质的结构；二次量子吸收；使用的校准
影响图像对比度因素	探测器内散射
影响图像空间分辨力因素	射线探测介质材料、厚度和像素化程度；像素尺寸；散射

由于目前探测器的 A/D 转换位数都很高（一般都为 14bit 或更高），而帧速主要影响检测速度，静态检测一般不考虑（动态检测要求应达到 30 帧/s）。因此探测器主要性能的选择核心是探测器系统基本空间分辨力和信噪比性能。图 4-2 是铸造裂纹的检测图像，从图中可看到，图 4-2b 的裂纹细节显然比图 4-2a 清晰，而图 4-2b 的右侧图比左侧图要平滑（特别是背景区）。可见，为获得满意的检测结果，探测器系统应同时具有较高的基本空间分辨力和较高的规格化信噪比。

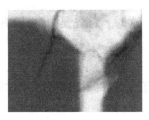

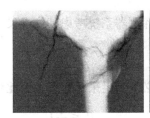

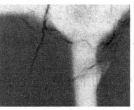

a) 像素尺寸200μm　　　　b) 像素尺寸100μm(SNR$_N$：左图220，右图455)

图 4-2　探测器像素尺寸和信噪比对缺陷检测的影响

探测器系统性能常决定了数字射线检测技术系统的性能。也就是说，在技术系统中探测器系统处于基础地位。因此探测器系统选择是构成数字射线检测技术系统的基础，是构成满足检测工作要求技术系统的关键环节。这与胶片射线照相检测技术级别中正确选择胶片类似。对于一定的检测工作，必须采用满足一定性能要求的探测器系统。

日常，探测器系统选择也常简单地说成数字射线检测系统选择。

4.2.2　探测器系统基本空间分辨力选择

选择探测器（系统）基本空间分辨力的基本依据是检测图像不清晰度要求。

按关系式

$$U_{im} = \frac{1}{M}\sqrt{\left[\phi(M-1)\right]^2 + (2SR_b)^2} \tag{4-1}$$

或

$$U_{im} = \frac{1}{M}\sqrt[3]{\left[\phi(M-1)\right]^3 + (2SR_b)^3} \tag{4-2}$$

可从检测图像的不清晰度要求，确定探测器系统基本空间分辨力必须达到的要求。

关于选择探测器（系统）基本空间分辨力的其他考虑主要是，在满足检测图像空间分辨力要求的探测器（系统）中，应选择其中像素尺寸大的探测器（系统），以便获得更高的信噪比，得到更高的对比度灵敏度。

1. 不采用放大透照技术——DDA 时的选择

在不采用放大透照技术时，对于 DDA 系统简单地有

$$SR_b = \frac{1}{2}U_{im}$$

由于有

$$P_e = SR_b$$

因此关于探测器系统基本空间分辨力的选择，实际是探测器系统有效像素尺寸的选择，即

$$P_e \leq \frac{1}{2}U_{im} \qquad (4-3)$$

对于分立辐射探测器，通常可认为像素尺寸近似等于有效像素尺寸。因此选择探测器系统的基本空间分辨力简单地成为选择分立辐射探测器的像素尺寸。

2. 不采用放大透照技术——IP板系统时的选择

对于IP板系统，必须基于探测器系统考虑其像素尺寸。这时，首先是IP板固有不清晰度应满足检测图像的不清晰度要求，即

$$U_{IP} \leq U_{im}$$

然后是IP板读出的扫描点尺寸必须满足采样定理，因此将有（可参阅图像数字化讨论）

$$P_S \leq \frac{1}{4}U_{im} \qquad (4-4)$$

它们共同确定了IP板探测器系统的基本空间分辨力必须达到的要求。

3. 采用放大透照技术时的选择

当采用放大透照技术时，需要考虑射线源尺寸与所采用的放大倍数，依据检测图像不清晰度关系式做出处理。以检测图像不清晰度关系式［式(4-1)］为例，对于DDA应要求

$$SR_b \leq \frac{1}{2}\sqrt{(MU_{im})^2 - [\phi(M-1)]^2}$$

对于IP板探测器系统则应要求

$$U_{IP} \leq \sqrt{(MU_{im})^2 - [\phi(M-1)]^2}$$

$$P_S \leq \frac{1}{4}U_{IP}$$

4.2.3 规格化信噪比选择

关于探测器系统规格化信噪比选择，基本考虑是所选择的探测器系统必须能够实现检测图像要求的规格化信噪比。

实际选择时从探测器系统的规格化信噪比-剂量（平方根）关系曲线进行考虑。所选用的探测器系统（在使用的检测技术条件下）的该曲线，应具有较高的饱和规格化信噪比值，在达到饱和值前就应达到较高的规格化信噪比，使得在适当曝光量下可达到检测图像要求的规格化信噪比。例如，按有关标准关于检测图像规格化信噪比的规定，曲线在饱和值前的规格化信噪比就应能达到不小于120的值。

选用时的另一个具体考虑是检测工作（检测图像）要求达到的对比度灵敏度。ASTM E2736标准推荐，为达到1%厚度灵敏度检测图像的信噪比应不小于250；为达到2%厚度灵敏度，检测图像的信噪比应不小于130，这可作为参考。显然，信噪比高的检测图像可以达到更高的对比度灵敏度。

应注意的是，对于DDA，该关系曲线与探测器响应校正软件相关，即它是由DDA和响应校正软件共同决定的曲线。对IP板，该关系曲线是IP板、读出单元、读出参数共同决定的曲线。

4.3　数字射线检测透照技术

4.3.1　透照技术控制概述

1. 透照技术控制的基本考虑

透照技术主要是处理透照布置（透照方式、透照方向、一次透照区）、透照参数（射线能量、焦距、曝光量）、散射线防护等。对于动态检测方式，透照技术还需要考虑拾取信号的检测参数，即动态扫描过程控制参数（主要是扫描方式、扫描速度）。透照技术是获得所要求质量的检测图像的基础技术环节。透照技术控制的核心是获得更高的物体对比度信号和更高的空间分辨力，使检测图像获得更高对比度和更小不清晰度。

透照技术控制处理的依据，主要是检测图像质量与技术因素的关系。表4-2概括了影响检测图像质量的因素。

表4-2　影响检测图像成像质量的因素

因素分类	与射线源和技术相关的因素
影响检测信号因素	射线束谱，射线束流，曝光时间，帧累积，源与探测器距离
影响图像噪声因素	信号水平，像素平均，帧平均，散射信号
影响图像对比度因素	射线束谱，物体散射，场所散射
影响图像空间分辨力因素	几何不清晰度，焦点尺寸，放大倍数

2. 透照技术控制基本原则

透照布置控制的基本原则可概括为：选取透照方式的基本原则是有利于缺陷检验。关于透照方向，在一般情况下，中心射线束应垂直指向一次透照区的中心，当希望检验的主要缺陷具有特定延伸方向时，应选取该方向作为透照方向。一次透照区控制采用技术级别规定的透照厚度比。透照布置控制中应注意的特殊要求是一次透照区的检测图像信噪比应满足（有关标准）规定。

对于透照参数控制的基本考虑是，在具有适当穿透能力下选用较低的射线能量；焦距实际是控制几何不清晰度和一次透照区，应按技术级别确定可使用的射线源到工件源侧表面的最小距离；曝光量选择主要是保证检测图像的信噪比必须达到检测图像的要求。

应注意的是，透照技术设计时也必须采取适宜的散射线防护措施。当射线源焦点尺寸小时，还应考虑最佳放大倍数。

可见，透照布置、透照参数等基本方面的控制与胶片射线照相检测技术采用的是同样原则，原因是数字射线检测技术与胶片射线照相检测技术的物理基础相同。某些方面处理可能存在一些特殊考虑，将在具体检测技术系统中讨论。

4.3.2　最佳放大倍数(*)

对于数字射线检测技术，按照检测图像不清晰度的基本关系式，当射线源焦点尺寸小于探测器固有不清晰度时，可以采用放大透照方式，这时存在最佳放大倍数。

1. 最佳放大倍数概念

透照的放大倍数定义为

$$M = \frac{F}{f}$$

式中 f——射线源与工件源侧表面的距离;

F——射线源与工件探测器侧表面的距离。

最佳放大倍数是对某个数字射线检测技术系统,可使检测图像获得最高空间分辨力(最小不清晰度)的放大倍数。

当检测图像不清晰度的基本关系式采用二次方关系式(欧洲标准,ISO 标准)

$$U_{\text{im}} = \frac{1}{M}\sqrt{[\phi(M-1)]^2 + U_{\text{D}}^2} \tag{4-5}$$

最佳放大倍数表示式为

$$M_0 = 1 + \left(\frac{U_{\text{D}}}{\phi}\right)^2 \tag{4-6}$$

当检测图像不清晰度的基本关系式采用三次方关系式(美国标准)

$$U_{\text{im}} = \frac{1}{M}\sqrt[3]{[\phi(M-1)]^3 + U_{\text{D}}^3} \tag{4-7}$$

最佳放大倍数表示式

$$M_0 = 1 + \left(\frac{U_{\text{D}}}{\phi}\right)^{3/2} \tag{4-8}$$

利用探测器(系统)固有不清晰度与其基本空间分辨力关系

$$U_{\text{D}} = 2\text{SR}_b$$

它们也可写为

$$M_0 = 1 + \left(\frac{2\text{SR}_b}{\phi}\right)^2 \tag{4-9}$$

与

$$M_0 = 1 + \left(\frac{2\text{SR}_b}{\phi}\right)^{3/2} \tag{4-10}$$

二次方关系式的计算结果与三次方关系式的计算结果差别不大。

2. 最佳放大倍数讨论

从最佳放大倍数的表示式可以看出,最佳放大倍数由辐射探测器基本空间分辨力(固有不清晰度)和射线源尺寸决定。从最佳放大倍数关系式可看到,只有采用焦点尺寸较小的射线源,才能选用较大的放大倍数。如果射线源焦点尺寸较大,则只能采用放大倍数近似为 1 的透照布置。表 4-3 列出的是对于像素尺寸为 200μm 的探测器、射线源焦点尺寸为 0.4mm 时计算的不同放大倍数下的检测图像不清晰度,可见,在最佳放大倍数下可获得最高的空间分辨力,图 4-3 显示的是试验结果,与计算一致。由于空间分辨力提高,将直接改善检测图像对细节图像的显示能力,图 4-4 是铸造裂纹在上述条件下的检测图像对比,可见,在最佳放大倍数时裂纹在检测图像上显示更清晰。

表4-3 放大倍数与检测图像不清晰度（像素尺寸200μm，焦点尺寸为0.4mm）

放大倍数	1.0	1.2	2.0	4.0	6.0	10
图像不清晰度/mm	0.4	0.3342	0.2550	0.3036	0.3342	0.3602
对应双丝IQI值	D7	接近D8	D9	D8	接近D8	近似D7

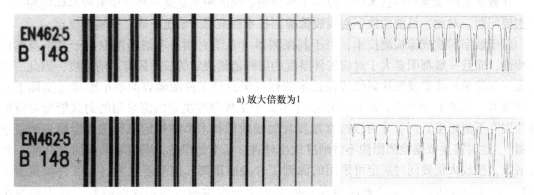

a) 放大倍数为1

b) 放大倍数为2

图4-3 双丝型像质计测定值与放大倍数关系

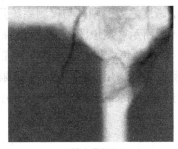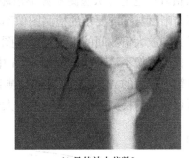

a) 放大倍数为1   b) 最佳放大倍数2

图4-4 铸造裂纹的检测图像比较

*3. 最佳放大倍数的导出

最佳放大倍数可从检测图像不清晰度的基本关系式导出。例如对于式(4-7)，将检测图像不清晰度作为放大倍数函数，通过求极值可确定最佳放大倍数。首先求U_{im}对M的偏导数，得到

$$\frac{\partial U_{im}}{\partial M} = \frac{\phi^3 M (M-1)^2 - \phi^3 (M-1)^3 - U_D^3}{M^2 \left[\sqrt[3]{\phi^3 (M-1)^3 + U_D^3} \right]^2}$$

为得到最佳放大倍数，应令

$$\frac{\partial U_{im}}{\partial M} = 0$$

对于最佳放大倍数时，应有

$$M\phi^3 (M-1)^2 - \phi^3 (M-1)^3 - U_D^3 = 0$$

解此方程，得到最佳放大倍数的计算式为

$$M_0 = 1 + \left(\frac{U_D}{\phi} \right)^{3/2}$$

4.3.3 源到工件表面的距离(*)

1. 概述

在数字射线成像检测技术中，源到工件源侧表面的距离是透照技术中需要具体处理的一个主要问题。对此，目前的数字射线成像检测技术标准都未给出正确、完整的规定。

对于数字射线成像检测技术，由于其探测器（系统）固有不清晰度取决于其本身结构与特性，而且一般都明显大于对应工件厚度的射线能量决定的胶片固有不清晰度，因此一般情况不能简单地按常规胶片射线成像技术那样规定源到工件源侧表面最小距离［实际上只有探测器（系统）固有不清晰度比较小（不大于工件厚度决定的应采用的射线能量对应的胶片固有不清晰度）时，才可以按常规胶片射线成像技术那样规定源到工件源侧表面最小距离］。这时需要依据检测图像不清晰度做出处理。基本处理是，确定可采用的（几何）放大倍数，按放大倍数同时规定可采用的源到工件表面距离和探测器位置（与工件源侧表面距离 b）。所确定的源到工件表面距离必须不小于一次检测区所需要的源到工件表面最小距离。

采用的放大倍数理论上可从检测图像不清晰度关系式求解得到。若记 ΔU_{im} 为检测系统获得的检测图像不清晰度与标准要求的检测图像不清晰度之差，则其与检测系统焦点尺寸、探测器基本空间分辨力和放大倍数间的主要关系如图4-5所示。从该图可见，有的检测系统不可能满足标准要求的检测图像不清晰度（如图4-5a中射线源焦点尺寸为 ϕ_A 的系统，图4-5b中探测器基本空间分辨力较大的 A 系统），有的检测系统只有采用（图中 S、G 点限定的）正确的放大倍数才能保证获得的检测图像不清晰度不大于标准要求的检测图像不清晰度。

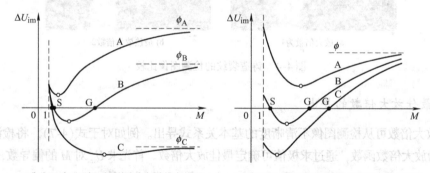

a)焦点尺寸不同探测器基本空间分辨力相同 b)焦点尺寸相同探测器基本空间分辨力不同

图4-5 不同检测系统的检测图像不清晰度差与放大倍数关系示意图

2. 最佳放大倍数简化处理

基于检测系统采用最佳放大倍数（图4-5中各曲线空心点位置的几何放大倍数）可获得最小的检测图像不清晰度；在最佳放大倍数附近，检测图像不清晰度与最佳放大倍数的检测图像不清晰度之差不大。因此实际工作中可以采用工件中间层为基点、按最佳放大倍数进行简化处理，如图4-6所示。处理的前提是检测系统在最佳放大倍数时获得的检测图像不清晰度满足标准要求的检测图像不清晰度。从最佳放大倍数做出简化处理的过程如下。

应注意的是，这里的处理中 b 表示的是探测器与选定的工件中间层的距离（主要是为了关系式简单）。

（1）从设计的一次检测区计算可采用的源与工件源侧表面最小距离　记 L 为设计的一次检测区长度，K 为技术级别规定的透照厚度比，f_L 为必须的源到工件表面最小距离，按几何关系则可简单地计算必须的源到工件表面最小距离

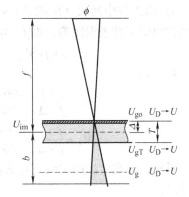

图4-6　最佳放大倍数处理的不清晰度

$$f_L = \frac{L}{2\sqrt{K^2-1}}$$

该数据是后续处理的基本参考数据。

（2）计算最佳放大倍数 M_{opt}　即按标准规定的检测图像不清晰度关系式对应的最佳放大倍数公式计算出最佳放大倍数。

（3）计算源到工件表面距离及探测器位置　按图4-6，取工件中间层（或近中间层）作为处理基点，按下面关系式计算源到工件表面距离及探测器位置

$$f = \frac{b}{M_{opt}-1}$$

计算时，一般是依据从一次检测区计算的必需的源到工件表面最小距离选适当的 f，然后计算探测器位置 b 的数值。但当最佳放大倍数比1大得不多时，可选适当的 b 值计算 f。

（4）验算　对按上述过程确定的源到工件表面距离、探测器位置，一般要进行验算。记 Δ 为中间层与工件表面距离（常取 $\Delta = T/2$），则工件（源侧）表面层和（探测器侧）底层的放大倍数分别为

$$M_0 = \frac{f+b}{f-\Delta} \qquad M_T = \frac{f+b}{f+\Delta}$$

按放大倍数计算对应的检测图像不清晰度数值，证明整个工件获得的检测图像符合标准规定要求。这样的处理可避免比较复杂的求可用放大倍数范围过程。

【例1】　按 ISO 17636-2：2013 标准 A 级技术检测厚度为 16mm 的工件。标准规定的透照厚度比为1.2，检测图像不清晰度为0.32mm。检测系统焦点尺寸为0.5mm，探测器基本空间分辨力为0.2mm。检测设计的一次检测区尺寸为300mm。确定可采用的源到工件表面距离与探测器位置数据。

注意，这时有

$$U_{im} = \frac{1}{M}\sqrt{[\phi(M-1)]^2 + (U_D)^2} \qquad M_{opt} = 1 + \left(\frac{U_D}{\phi}\right)^2$$

处理的具体过程如下。

1）按设计的一次检测区，计算必需的源到工件表面距离

$$f_L = \frac{L}{2\sqrt{K^2-1}} = \frac{300\text{mm}}{2\times\sqrt{1.2^2-1}} \approx 226\text{mm}$$

2）最佳放大倍数

$$M_{opt} = 1 + \left(\frac{U_D}{\phi}\right)^2 = 1 + \left(\frac{0.4}{0.5}\right)^2 = 1.64$$

3）以工件中间层（即取 $\Delta = 8mm$）作为处理基点。按必需的源到工件表面距离，选取适当的源到工件表面距离，如 $f = 400mm$，按最佳放大倍数计算探测器位置数据

$$b = f(M_{opt} - 1) = 400mm \times (1.64 - 1) = 256mm$$

4）验算

$$M_0 = \frac{f+b}{f-\Delta} = \frac{400mm + 256mm}{400mm - 8mm} = 1.6735 \qquad U_{im,0} = 0.3124mm$$

$$M_T = \frac{f+b}{f+\Delta} = \frac{400mm + 256mm}{400mm + 8mm} = 1.6078 \qquad U_{im,T} = 0.3124mm$$

可见，处理给出的源到工件表面距离与探测器位置决定的检测图像不清晰度符合标准规定要求。

【例2】 按 ISO 17636 - 2：2013 标准 A 级技术检测厚度为 32mm 的工件。标准规定的透照厚度比为 1.2，检测图像不清晰度为 0.4mm。设检测系统焦点尺寸为 3mm，探测器基本空间分辨力为 0.2mm。检验设计的一次检测区尺寸为 100mm。确定可采用的源到工件表面距离与探测器位置数据。关于检测图像不清晰度关系式采用 ASTM E2033 - 17 标准规定。

当检测图像不清晰度关系式采用 ASTM E2033 - 17 标准规定时，有

$$U_{im} = \frac{1}{M}\sqrt[3]{[\phi(M-1)]^3 + (U_D)^3} \qquad M_{opt} = 1 + \left(\frac{U_D}{\phi}\right)^{3/2}$$

1）按一次检测区计算必需的源到工件表面最小距离

$$f_L = \frac{L}{2\sqrt{K^2 - 1}} = \frac{100mm}{2 \times \sqrt{1.2^2 - 1}} \approx 76mm$$

2）计算最佳放大倍数

$$M_{opt} = 1 + \left(\frac{0.4}{3}\right)^{3/2} \approx 1.0487$$

3）取工件中间层作为处理基点（即 $\Delta = 16mm$），因最佳放大倍数很接近1，选择适当的探测器位置数据 b，计算对应的源到工件表面距离

$$f = \frac{b}{M_{opt} - 1}$$

表 4-4 给出了选择不同的探测器位置数据 b 的计算结果和验算结果。

表 4-4 例 2 的处理计算与验算结果

探测器位置数据 b/mm	20（= 16 + 4）	26（= 16 + 10）	36（= 16 + 20）	46（= 16 + 30）
源到工件表面距离/mm	411	534	740	945
工件表面放大倍数	1.0911	1.0811	1.0718	1.0667
工件底面放大倍数	1.0094	1.0182	1.0264	1.0312
工件表面检测图像不清晰度/mm	0.4020	0.3959	0.3917	0.3900
工件底面检测图像不清晰度/mm	0.3963	0.3932	0.3907	0.3895

3. 简单处理说明

当工件厚度较小时，可以简单地以工件表面（也可以是底面）为基点处理。例如，对于例1，若工件厚度为 8mm，以工件表面为基点处理。按例1确定的数据，则工件表面处于

64

最佳放大倍数 $M_{\text{opt}} = 1.64$，而工件底面的放大倍数则为

$$M_{\text{T}} = \frac{f+b}{f+T} = \frac{400\text{mm} + 256\text{mm}}{400\text{mm} + 8\text{mm}} = 1.6078$$

工件表面处的检测图像不清晰度为 $U_{\text{im,0}} = 0.3123\text{mm}$，工件底面处的检测图像不清晰度为 $U_{\text{im,T}} = 0.3124\text{mm}$。

实际处理中，按照常规胶片射线成像经验，一般使 $(f+b)$ 不超过 1000mm。如何选择，常需要考虑检测系统特点、工件具体情况、工作效率等。

*4. 可使用的放大倍数范围计算

对于使用的检测系统，从其主要数据（焦点尺寸、探测器基本空间分辨力）与工件检测图像不清晰度要求，可以计算满足要求的检测图像不清晰度放大倍数范围。

例如，对 ISO 17636－2：2013 标准规定的检测图像不清晰度关系式 [式(4-1)] 进行改写，可给出放大倍数的一元二次方程

$$(\phi^2 - U_{\text{im}}^2)M^2 - 2\phi^2 M + (\phi^2 + 4\text{SR}_{\text{b}}^2) = 0$$

该方程的解为

$$M = \frac{2\phi^2 \pm \sqrt{4\phi^4 - 4(\phi^2 - U_{\text{im}}^2)(\phi^2 + 4\text{SR}_{\text{b}}^2)}}{2(\phi^2 - U_{\text{im}}^2)}$$

该方程解确定了可使用的放大倍数范围。正根对应可使用的最大放大倍数，负根对应可使用的最小放大倍数。最大放大倍数计算数值为负数时表示可用的最大放大倍数不受限制。无解时，表示检测系统不能实现检测图像不清晰度要求。

对例 1（$\phi = 0.5\text{mm}$；$\text{SR}_{\text{b}} = 0.2\text{mm}$；$U_{\text{im}} = 0.32\text{mm}$）可求出 $M_{\text{max}} = 1.9955$，$M_{\text{min}} = 1.3920$。

对例 2（$\phi = 3\text{mm}$；$\text{SR}_{\text{b}} = 0.2\text{mm}$；$U_{\text{im}} = 0.40\text{mm}$）可求出 $M_{\text{max}} = 1.0362$，$M_{\text{min}} = 1.0000$。

当检测技术采用的放大倍数处于该范围内时，检测系统可获得满足要求的检测图像不清晰度。

从上面改写后的方程还可以看到，对使用的检测系统，当射线源焦点尺寸确定，对于所采用的放大倍数，为获得所要求的检测图像不清晰度，必需的探测器基本空间分辨力应满足的要求是

$$\text{SR}_{\text{b}} \leqslant \frac{1}{2}\sqrt{\phi^2 (2M-1) - M^2 (\phi^2 - U_{\text{im}}^2)}$$

需要指出的是，当检测图像不清晰度的关系式不同时，上面给出的关系式也将不同。

4.3.4　曝光曲线(*)

对于数字射线检测技术，同样可以采用曝光曲线确定透照参数。

1. 曝光曲线概述

对于数字射线检测技术，由于初始检测信号仍然是按射线吸收规律形成的物体对比度，因此可以类似于胶片射线照相检测技术制作同样样式的曝光曲线图，用于确定透照参数。需要注意的是，这时曝光曲线制作条件中发生的主要改变是：

1）胶片→探测器（系统）；

2）黑度→规格化信噪比。

此外，按使用的探测器系统，曝光量单位也可能发生改变。

典型的曝光曲线仍然是 $\lg E - (V) - T$ 关系曲线，图4-7是一例。曝光曲线的函数关系，即曝光量对数与透照厚度之间的函数关系为

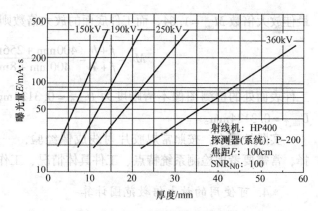

图 4-7　曝光曲线的典型样式

$$\lg E = kT + C$$

$$k = \mu \lg e$$

式中　E——曝光量(mA·min 或 mA·s)；

T——透照厚度（mm）；

k——曝光曲线的斜率；

C——常数。

完全类似于胶片射线照相技术。需要注意的仅是数字射线检测时，考虑的是在某透照电压（射线能量）下，对于某探测器（系统）使检测图像达到一定规格化信噪比需要的曝光量为确定值。

2. 曝光曲线制作方法

图4-7的曝光曲线的制作步骤如下。

（1）准备阶梯试块和垫板　用透照材料制作阶梯试块。其平面尺寸宽度应不小于60mm，阶梯宽度不小于20mm，阶梯厚度差可设计为 2~5mm，阶梯数一般应不少于8个（依据使用探测器尺寸、常用焦距尺寸确定适当的阶梯数）。另外，还应用适当厚度的透照材料平板制作出垫板，它与阶梯试块可组成希望覆盖的厚度范围。

（2）确定曝光曲线的基本数据　主要是曝光曲线的规格化信噪比、曝光量和焦距。规格化信噪比应达到检测图像的要求值，通常希望适当高于此值。曝光量和焦距则采用日常采用的数值。

（3）透照与获取检测图像　在设定的焦距值下，针对阶梯试块阶梯厚度，采用适当的透照电压在选定的不同曝光量下透照，获取检测图像。测定各检测图像上各阶梯中心区的规格化信噪比，形成类似表4-5的多个不同透照电压的原始数据表。

表 4-5　曝光曲线原始数据表

透照电压：	各阶梯检测图像的规格化信噪比值					
阶梯厚度/mm	T_1	T_2	T_3	T_4	T_5	…
曝光量1						
曝光量2						
曝光量3						
…						

（4）整理检测图像数据　从表4-5中确定出基本符合某一透照电压规格化信噪比的厚度与对应的曝光量数据。可整理成类似表4-6的数据表。希望对每一透照电压有不少于5个数据组。

表4-6　曝光曲线数据表（规格化信噪比值：　　　　）

透照电压	阶梯厚度/曝光量					
	T_1/E_1	T_2/E_2	T_3/E_3	T_4/E_4	T_5/E_5	...
透照电压 1						
透照电压 2						
透照电压 3						
...						

（5）绘制曝光曲线　用表4-6的数据，在坐标系中用描点法绘制出曝光曲线。由于数据肯定存在一定误差，描点时应使透照电压线尽量过更多数据点。

说明：当表4-6的数据组不足时，可采用先绘制"透照电压-（曝光量）-厚度"型曲线，利用该曝光曲线确定（转换）出一些数据，再绘制上面的曝光曲线。

3. 曝光曲线确定透照参数基本方法

如果检测技术与制作曝光曲线的条件相同，从曝光曲线确定透照参数基本过程一般应是：

1）确定透照厚度 T。

2）确定适宜的曝光量。

3）从透照厚度与曝光量数据确定应采用的透照电压。

适宜的曝光量数据可从检测技术标准的相关规定（如关于射线能量限制）或通用工艺规程的规定确定，或参考探测器系统的规格化信噪比与曝光量关系曲线确定，或参考技术一般理论确定。

当实际透照焦距与曝光曲线不同时，可按辐射强度的平方反比定律修正确定的曝光量。

*4. 利用曝光曲线处理具体问题

曝光曲线使用中的具体问题主要是：曝光曲线的规格化信噪比不同于工艺卡（或工艺规程）的检测图像规格化信噪比要求；估计一次透照区的检测图像规格化信噪比。对于这两种情况的处理需要使用探测器（系统）的规格化信噪比与曝光量平方根关系曲线。

由于探测器（系统）的规格化信噪比与曝光量平方根关系曲线跟透照电压（射线能量）相关，跟透照工件材料和厚度相关，严格处理需要准确的曲线。作为简单的近似处理，可对一定范围的检测工件制作具有代表性的曲线。即首先选定代表性透照电压与工件材料厚度，测定其规格化信噪比与曝光量平方根关系曲线；然后将曲线的曝光量平方根坐标值转换为相对值，就是以某个规格化信噪比值对应的曝光量平方根为单位1，给出其他规格化信噪比值对应的曝光量平方根的坐标值，这时的曝光量平方根的坐标值可称为相对曝光量，得到的关系曲线可称为相对曝光量规格化信噪比曲线。图4-8是对某

DDA 制作的相对曝光量规格化信噪比曲线，该曲线的一般样式如图 4-8c 所示。这样给出的探测器（系统）规格化信噪比与曝光量平方根关系曲线可用于一定范围检测工件的曝光曲线使用问题处理。对于实际检测工作，依据检测工件情况，可能需要两条、三条等这种具有一定代表性的关系曲线。

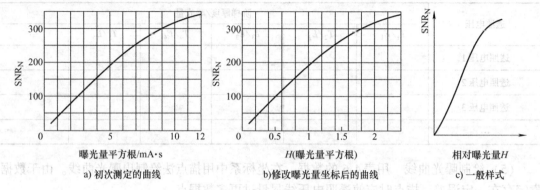

a) 初次测定的曲线　　b)修改曝光量坐标后的曲线　　c) 一般样式

图 4-8　相对曝光量规格化信噪比曲线制作

　　利用上述过程给出的探测器（系统）相对曝光量规格化信噪比曲线（其类似于胶片感光特性曲线），可以（类似于胶片射线照相）简单地处理与工艺卡（或工艺规程）不同的检测图像规格化信噪比要求问题（图 4-9），也可以预估一次透照区检测图像规格化信噪比（图 4-10）。一个要特别注意的点是，这时的相对曝光量仍旧是平方根值。

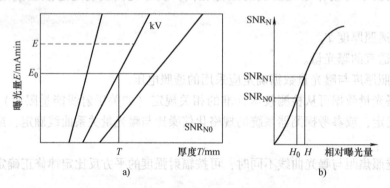

图 4-9　规格化信噪比不同的曝光量修正

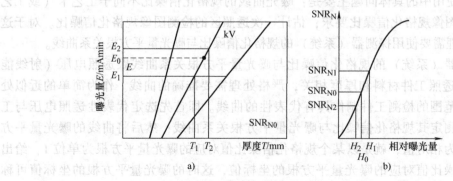

图 4-10　一次透照区的规格化信噪比估计

4.4　图像数字化参数控制

图像数字化参数是保证检测图像质量的重要技术环节。如果不加控制，透照技术控制的结果可能受到很大损失。图像数字化参数控制主要是两个方面，一是图像数字化的采样间隔（采样频率），二是图像数字化的量化位数。

1. 采样间隔控制

采样间隔依据要求的检测图像不清晰度来确定。对于实际的数字射线检测技术，具体处理需要区分直接数字化检测技术和间接数字化检测技术。

对于采用分立辐射探测器（DDA）的直接数字化检测技术，图像数字化是对透照过程形成的初始连续分布射线信号，经过抽样（数字化采样）得到数字图像。按照数字图像空间频率与其像素尺寸的关系（P 为采样间隔，也就是探测器像素尺寸）

$$f_{im} = \frac{1}{2P}$$

和数字图像空间频率与数字图像不清晰度的关系

$$f_{im} = \frac{1}{U_{im}}$$

采样间隔（像素尺寸）应满足的要求是

$$P \leqslant \frac{1}{2} U_{im} \tag{4-11}$$

对于采用 IP 板探测器系统类的间接数字化检测技术，其图像数字化过程主要是对透照过程连续分布射线信号形成的潜在初始图像进行扫描读出（采样），给出数字检测图像。为满足检测图像的不清晰度要求，透照过程获得的潜在初始图像不清晰度必须不大于要求的检测图像不清晰度。简单地说，可认为就是要求 IP 板固有不清晰度（U_{IP}）满足 $U_{IP} \leqslant U_{im}$。对扫描读出过程，为保证不损害潜在初始图像的空间分辨力，则应按采样定理控制采样间隔，也就是应按采样定理控制扫描点尺寸。

记扫描点尺寸（采样间隔）为 P_s，按采样定理应

$$\frac{1}{2P_s} \geqslant 2 \frac{1}{U_{im}}$$

故扫描点尺寸应满足

$$P_s \leqslant \frac{1}{4} U_{im} \tag{4-12}$$

可见，为保证图像数字化后的图像达到检测图像所要求的不清晰度，首先需要采用性能满足要求的 IP 板，同时需要正确设置后续图像数字化的采样间隔。如果 IP 板的固有不清晰度不能使获得的检测图像不清晰度满足要求，后续如何控制都不会满足检测图像不清晰度要求。

由于图像数字化的采样间隔由探测器系统的有效像素尺寸决定，因此图像数字化技术实际是在选择探测器系统时必须考虑的问题。

2. 量化位数控制

量化过程主要是控制量化位数。按第 3 章的讨论，量化位数的简单要求是量化的动态范围不小于（所检验的）输入信号的动态范围（分贝，dB 值）。即所需要的最小量化位数由所检测信号的动态范围决定：$6B \geq$ 检测输入信号的动态范围（分贝，dB）。

例如，当检测信号的变化范围达到 2000：1 时，因有

$$动态范围 = 20\lg 2000 = 66dB$$

应要求量化位数 B 满足 $6B \geq 66$，$B = 66/6 = 11bit$。

按实际 A/D 转换器的量化位数（一般无 11bit）情况，可取量化位数为 12bit。

4.5 检测图像显示与缺陷评定技术

4.5.1 图像显示与观察条件(*)

数字射线检测技术多数是在显示器屏幕上观察图像，为能够正确可靠地识别图像中的信息，必须控制图像显示条件。

*1. 图像显示视觉基础

视觉研究指出，人眼的灰度分辨力（亮度分辨力），即眼睛对亮度细微变化的识别能力与背景亮度相关。表 4-7 给出了基本数据，表中 L 为照明亮度，$\Delta L/L$ 为可识别的亮度对比度（阈值对比度）。图 4-11 显示了阈值对比度随背景亮度的变化。可见，为提高眼睛的灰度分辨力，必须控制背景亮度处于适当范围。

表 4-7 可识别的亮度对比度与亮度关系

$L/(\text{cd}/\text{m}^2)$	$\Delta L/L$	$L/(\text{cd}/\text{m}^2)$	$\Delta L/L$	$L/(\text{cd}/\text{m}^2)$	$\Delta L/L$
6366	0.0266	25.5	0.0178	0.25	0.0380
1273	0.0191	12.7	0.0175	0.13	0.0455
636.6	0.0170	6.4	0.0188	0.06	0.0560
254.6	0.0172	2.5	0.0217	0.03	0.0860

人眼的视锐度又叫"视力"，定义为人眼辨识物体上两点时的视角的倒数。

$$V = \frac{1}{\alpha}$$

式中　α——视角。

如果 α 的单位为（′），则 V 值称为视力。图 4-12 显示了视力与环境亮度二者的关系。从图中可见，视力随亮度增大而增加，当亮度超过 1000cd/m² 时，视力不再有明显增加。视力也就是人眼的空间分辨力，对静止图像，一般为 1′。

此外，视觉特性的最小视认阈，即眼睛可辨认的最小尺寸也值得关注。有关文献给出的数据为，对白底黑点的视认阈视角为 30″（0.5′）；对黑底白点的视认阈视角为 10″；对白底黑线的视认阈视角为 4″；对黑底白线的视认阈视角小于 4″。

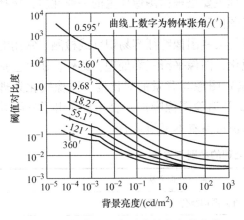

图 4-11　阈值对比度随背景亮度的变化

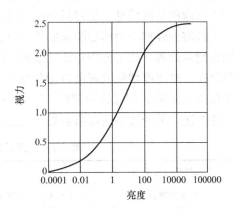

图 4-12　视力与亮度的关系

这些构成了图像识别的主要视觉基础，从它们可提出图像显示条件的控制要素。

＊2. 显示器的基本性能

图像显示条件主要是关于显示器性能的要求。显示器不影响获得的数字图像的分辨率，但它影响图像的显示效果，因此它的性能直接影响评定人员对图像的观察和识别。

显示器的基本性能包括亮度、分辨率、显示亮度比、灰度级、响应时间等。

1）亮度指显示屏可达到的最大亮度。

2）分辨率是指显示屏能够显示的像素点多少。显示器的分辨率以水平像素数乘以垂直像素数的方式给出。例如，显示器的分辨率写成：800 像素 × 600 像素（并常应包括其像素的尺寸大小），则是它的水平方向为 800 像素、垂直方向为 600 像素。显示器本身具有一个最高的分辨率，它可以兼容其他较低的分辨率。对于具有一定分辨率的显示器，其每单位面积都显示相同的像素数。

3）显示亮度比（也称为对比度）指显示屏可显示的最大亮度与最小亮度之比。

4）灰度级是可量化灰度的最大级数。

5）响应时间是信号随时间变化时，显示图像随时间改变的特性。

3. 显示器性能与观察条件的基本要求

对显示器性能的基本要求，从数字射线检测技术图像的质量和图像视觉基础考虑，最关心的是前面四个主要性能。不同技术标准可能做出不同的规定，一种典型的显示器主要性能要求为：亮度 $\geqslant 250 \mathrm{cd/m}^2$，分辨率 $\geqslant 1280$ 像素 × 1024 像素（像素尺寸为 150 ～ 300μm），灰度级 $\geqslant 256$，显示亮度比 $\geqslant 100：1$，软件应可提供目视可见的 256 级别灰度。

观察条件的技术要求显然应是从视觉特性提出，主要包括亮度适应性要求、视场亮度要求、观察距离要求、观察室条件等。由于观察的也是亮度对比度图像，因此与胶片射线照相技术的评片技术要求基本相同。

4.5.2　图像观察识别技术

在数字射线检测技术中，为了更好地识别图像中的信息，观察图像时通常都要运用数字图像增强处理技术。简单地说，数字图像增强处理主要是根据图像质量的一般性质，选择性地加强图像的某些信息，抑制另一些信息，改善图像质量。

图像增强处理不会增加图像的信息量，但可使某些图像特征容易识别或检测。常用的数字图像增强处理方法可分为对比度增强、图像锐化、图像平滑三类处理，此外，还可包括伪彩色处理。对比度增强处理可以增加细节（缺陷）图像与背景的对比度，图像锐化处理可以使细节（缺陷）图像边缘清晰，图像平滑主要是消除图像噪声。表4-8列出了三类处理的常用方法。关于数字图像增强处理的进一步知识可参看本书附录D。

表4-8　常用图像增强处理的类别与方法

增强处理方法类别	常用处理方法
对比度增强	直方图调整，灰度变换法，直方图均衡化（局部统计方法）
图像锐化	高通滤波法，微分（梯度）法
图像平滑	低通滤波法，中值滤波法（局部平均法），多帧平均法

对于数字射线检测技术，针对无损检测技术的图像观察与识别要求，在相关软件中设置的数字图像增强处理及其他观察与识别处理功能主要是帧叠加、窗宽窗位调整、设置关注区（ROI）、测量与曲线绘制、图像的一般处理（灰度变换、剪裁、图像旋转、图像电子缩放）、滤波锐化与边缘增强、伪彩色处理七个方面。

1. 帧叠加

采用DDA的数字射线检测技术，在采集检测图像时，可通过多帧叠加减少检测图像噪声，提高检测图像的信噪比，获得符合要求的检测图像。显然，这应在检测图像采集过程中进行，这时可在采集后显示的图像上进行测量，确定需要叠加的帧数。图4-13显示了不同叠加帧数的检测图像，可以

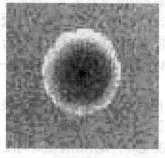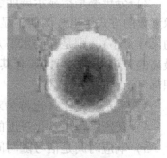

a) 1帧图像　　　　b) 16帧图像
图4-13　不同叠加帧数的检测图像比较

明显看到多帧叠加后的检测图像灰度均匀性得到改善。

2. 窗宽窗位（亮度对比度，交互窗口）调整

窗宽窗位调整，在Photoshop图像处理软件中常称为亮度对比度调整，在一般图像处理中也称为交互窗口操作。观察图像时一般都要运用该处理。通过窗宽窗位调整改变关注区图像细节（缺陷）对比度，使细节（缺陷）图像可以被清楚看到。该调整是基于数字射线检测技术探测器具有很宽的动态范围，调整主要是对比度拉伸。

图4-14显示了这种调整的实际过程。一般地，关注区图像可能只占检测图像灰度分布范围的一小部分，因此在调整前关注区图像的显示灰度区可能很小，眼睛难以识别灰度差小

的细节。调整实际是将关注区图像的灰度分布范围改变为可显示的最大范围（或较大范围），从而使关注区的细节图像灰度差拉大，使眼睛可以识别该细节图像。

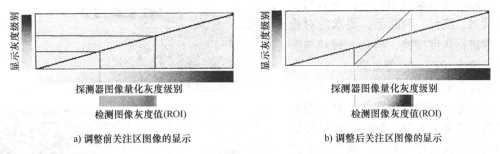

a) 调整前关注区图像的显示　　　　　b) 调整后关注区图像的显示

图 4-14　窗宽窗位（亮度对比度）调整过程

图 4-15 是窗宽窗位调整的一例图像。图中显示了对检测初始图像不同焊点区（设置为关注区）进行窗宽窗位调整的图像，它们具体显示了窗宽窗位调整的作用。

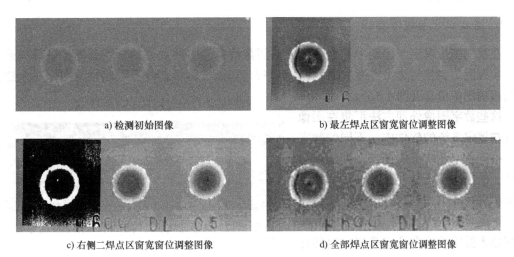

a) 检测初始图像　　　　　　b) 最左焊点区窗宽窗位调整图像

c) 右侧二焊点区窗宽窗位调整图像　　　d) 全部焊点区窗宽窗位调整图像

图 4-15　窗宽窗位调整的检测图像

3. 设置关注区（ROI）

在观察检测图像时，常常需要对局部区进行仔细识别，因此要求软件可以指定局部区，对该局部区进行进一步处理。这就是设置关注区（常简记为 ROI）。例如，为了更好地识别某细节图像，可将细节图像附近的一个小范围区（如图 4-15 的一个焊点附近区）设置为关注区进行窗宽窗位调整，这时可观察到比较多的图像细节。

4. 测量与曲线绘制

检测图像观察与识别中的测量可分为两方面，一是细节尺寸、面积、角度等的电子标尺测量；二是关注区图像参数测量与相关曲线绘制，典型的是信噪比、基本空间分辨力测量。后者在指定了关注区后，软件可自动按照相关检测技术标准规定，完成依据该区像素数据计算的结果。对于基本空间分辨力测量，可绘制出测定的灰度分布曲线。

绘制的测量曲线一般是线性关系曲线，特殊时可以是指数关系、对数关系等的曲线。

5. 检测图像的一般处理

检测图像观察与识别中，为有利于某些观察、测量、判断等，要求能对检测图像进行灰度变换、剪裁、旋转与图像电子放大（Zoom）等处理。

灰度变换即一般的反相处理，图4-16是一对互为反相的检测图像。对图像剪裁可获取需要的部分。旋转是按设置的方位进行检测图像的转动。图像电子放大一般是对指定的关注区进行适当放大，它并不增加信息，但利于小细节图像的观察和测量。

图4-16　一对互为反相的检测图像

6. 滤波锐化与边缘增强

在检测图像观察与识别中，为了使细节图像清晰，一种主要的常用处理是进行高通滤波，实现图像锐化与边缘增强。图4-17是经过高通滤波的铸造缩孔缺陷检测图像（未滤波时的检测图像可参看图4-16）。

这些数字图像处理方法汇集在图像观察与评定系统的软件中。不同的数字射线检测技术系统可能提供不同功能的软件，使用条件也会存在差异。为了更好地识别图像中的信息，应熟悉相关软件，正确运用软件功能。因此数字射线检测技术要求检测人员应掌握一定的计算机操作技能。

图4-17　高通滤波后的铸造缩孔缺陷检测图像

7. 伪彩色处理

一般认为，人眼可分辨的色彩达千种以上，但对于从黑到白仅可分辨20多个灰度级，因此在灰度图像中，当不同细节的灰度值相差较小时，人眼不能识别。但若将灰度值变换为不同颜色，则可被人眼识别。伪彩色处理就是将灰度图像的各像素按其灰度值以一定规则赋予对应的不同颜色，将灰度图像转换为彩色图像。但在工业数字检测技术中，一般不进行伪彩色处理。

4.5.3　缺陷识别与质量级别评定

在数字射线检测图像中，识别缺陷与进行质量级别评定的基本方面与胶片射线照相检测技术相同。

1. 缺陷识别

正确识别检测图像上的影像，判断影像所代表的缺陷性质，则需要丰富的实践经验和一定的材料和工艺方面的知识，掌握主要的缺陷类型、缺陷形态、缺陷产生规律；必须理解射线检测影像形成的规律和特点，从而掌握缺陷影像在检测图像上显示的规律和特点。它们为分析影像的形成和缺陷影像可能发生的变化提供了基础。缺陷影像识别不是一个纯理论问题，而是需要经验的积累。

在上述基础上判断缺陷影像的性质，一般地说，可以从影像的几何形状、灰度分布和位置三个方面进行分析。

（1）影像的几何形状　不同性质的缺陷具有不同的几何形状和空间分布特点，由于检测图像上缺陷的影像是缺陷的几何形状按照一定规律在平面上投影形成的图形，因此检测图像上缺陷影像的形状与缺陷的几何形状密切相关。在分析影像的几何形状时应当考虑单个或局部影像的基本形状、多个或整体影像的分布形状、影像轮廓线的特点。应注意的是，对于不同的透照方式，同一缺陷在检测图像上形成的影像的几何形状可能发生变化。

（2）影像的灰度分布　影像的灰度分布是判断影像性质的另一个重要依据。不同性质的缺陷对射线的吸收不同，形成的缺陷影像灰度也就不同。在分析影像灰度特点时应考虑影像灰度相对于工件本体灰度的高低、影像自身各部分灰度的分布特点。

（3）影像的位置　缺陷影像在检测图像上的位置，也就是缺陷在工件中位置的反映，这是判断影像缺陷性质的另一个依据。缺陷在工件中出现的位置常具有一定的规律，因此影像所在的位置也与缺陷性质相关。某些性质的缺陷只能出现在工件的特定位置，对这类性质的缺陷，影像的位置将是识别缺陷的重要依据。

实际识别检测图像上影像的缺陷性质，是从上述三个方面进行综合考虑，做出判断。熟悉材料与工艺的主要缺陷，显然是识别缺陷影像的基本理论知识。这方面积累得越多，理解得越深刻，越可能正确地识别检测图像上的缺陷性质。

2. 质量级别评定

质量级别评定是按照工件验收标准（技术条件）的规定，对工件质量级别做出评定的过程。一般地说，质量级别评定工作可分为四步：

（1）准备　主要是充分理解和掌握质量验收标准。

（2）整理数据　对从检测图像得到的缺陷数据进行归纳、分析。

（3）分级评定　依据质量验收标准的规定对工件的质量级别进行评定。

（4）结论　依据质量分级的结果对工件质量做出结论。

深刻地理解质量验收标准的规定是正确完成质量级别评定的基础。

对于射线检测，关心的是验收标准关于内部缺陷的规定。一般包括三方面的内容，即缺陷类型、缺陷数据测定和质量分级具体规定。图4-18给出了验收标准关于内部质量分级规定的基本结构。

缺陷类型是质量验收标准依据缺陷对工件结构、性能的影响，进行的重新归纳、分类，规定质量分级时采用的缺陷类型。这时的缺陷类型可以不同于缺陷实际的性质。

缺陷数据测定方法是质量验收标准关于质量级别评定时缺陷的尺寸、数量等测定方法的规定。进行质量级别评定时，必须按照质量验收标准的规定，确定相关缺陷数据。

质量分级具体规定是质量验收标准关于质量级别的缺陷性质、数量、分布、位置允许性的规定。对其中涉及的概念、术语意义必须正确理解，否则不可能做出正确评定结论。

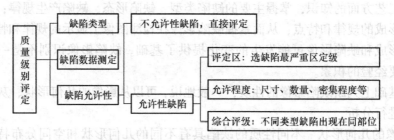

图4-18 验收标准质量分级规定的基本结构

在进行质量级别评定前，应对质量验收标准的这些规定进行深入和全面的理解。

在数字射线检测图像的缺陷识别与质量级别评定时，常可运用数字图像处理软件，对检测图像进行适当处理、测量，这有助于正确、快速识别和评定检测图像。

对于数字射线检测图像上缺陷的识别与质量级别评定，需要注意的是：除了胶片射线照相检测技术中指出的，检测图像上缺陷影像可能存在影像的投影重叠、影像畸变（得到的影像的形状与在射线投影方向截面的形状不相似）和一定程度的放大外，另外必须注意的是检测图像空间分辨力对缺陷影像的影响，特别是那些质量级别评定涉及缺陷影像形貌特点的缺陷。例如，常见的铝合金铸造针孔缺陷，其影像形貌与评定的质量级别密切相关，而其在检测图像上显示的影像形貌又与检测图像空间分辨力密切相关。图 4-19 显示的是同一铝合金针孔缺陷在不同空间分

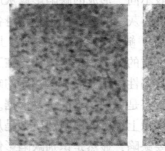

a) DDA-200μm图像　　b) DDA-100μm图像

图4-19 空间分辨力对缺陷形貌显示的影响

辨力检测图像上给出的影像。若对它们进行质量级别评定，因空间分辨力不同导致的针孔形貌差别可做出不同级别的判断。

4.5.4 尺寸测量(*)

对于数字射线检测技术，尺寸测量是在获得的检测图像上完成某个细节（缺陷或关注对象）的尺寸测量。

1. 尺寸测量基本方法

尺寸测量的基本方法是标定像素尺寸，在获得的检测图像上，确定所要测量细节的边界，依据式(4-13)（软件自动完成）确定细节的尺寸。

$$L = NP \tag{4-13}$$

式中　L——测量得到的细节尺寸；

　　　N——在检测图像上细节图像的测量值（以像素尺寸为单位）；

　　　P——检测图像的像素尺寸。

可见，测量得到的细节尺寸，实际是细节图像占据的像素数乘以像素尺寸得到的数值。因此尺寸测量必须正确确定在检测图像上细节的测定值 N 和检测图像的像素尺寸 P。

对于一般要求的细节（缺陷）尺寸测定，可以先采用检测图像上具有比较准确已知尺寸的细节对软件的电子标尺（像素尺寸）进行标定，然后利用软件的电子标尺简单地从检测图像显示的细节（缺陷）图像边缘确定细节（缺陷）尺寸。

当要求给出比较准确的细节（缺陷）尺寸时，需要考虑下面介绍的处理方法。

*2. 测定值 N 的确定方法

由于存在检测图像不清晰度，简单地从检测图像显示的细节图像确定测定值 N 常会产生较大误差。理论上可以采用图像处理软件细节图像截面灰度轮廓曲线进行微分处理，得到细节图像截面灰度轮廓曲线的二次导数曲线，从该曲线可确定细节的边界。图4-20显示了这种处理的意义。

为了能比较准确地确定测定值 N，可利用软件的绘图功能，画出细节截面的灰度分布曲线。从该曲线按下面规则确定测定值 N。记因子

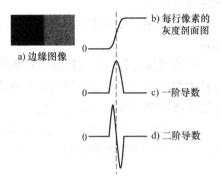

图4-20 细节边界的微分处理提取

$$C_h = \frac{\text{灰度曲线上细节宽度或直径处的高度}}{\text{细节灰度曲线的高度}}$$

按指数曲线不清晰度对细节对比度的影响，图4-21和图4-22分别给出了缝形细节和丝形细节的 C_h 值。

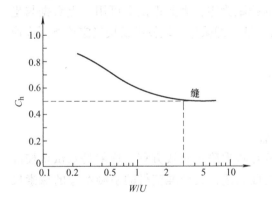

图4-21 缝形细节确定缝宽度测定值的因子

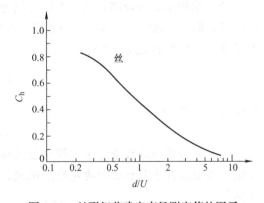

图4-22 丝形细节确定直径测定值的因子

对于缝形细节，按图4-21选择确定缝宽度测定值 N 的高度位置。可见，当缝宽较大（近似为检测图像不清晰度3倍以上）可采用"半高宽法"确定细节图像的测定值 N；当缝宽较小，则应在截面灰度分布曲线高度的0.7左右处确定缝宽度的测定值 N。

对于丝形细节，按图4-22选择确定丝直径测定值 N 的高度位置。可见，当丝直径较小（小于检测图像不清晰度）可采用"半高宽法"确定丝直径的测定值 N；当丝直径较大（大于检测图像不清晰度），则应在截面灰度分布曲线高度的0.2左右处确定丝直径的测定值 N。

*3. 检测图像像素尺寸校准方法

理论上检测图像的像素尺寸计算可采用关系式

$$U_{\mathrm{im}} = \frac{1}{M}\sqrt{[\phi(M-1)]^2 + (2P_{\mathrm{e}})^2} \tag{4-14}$$

或

$$U_{\mathrm{im}} = \frac{1}{M}\sqrt[3]{[\phi(M-1)]^3 + (2P_{\mathrm{e}})^3} \tag{4-15}$$

但由于实际检测情况并不是理想的情况，因此在实际测量过程中一般采用校准试块确定检测图像像素尺寸。

（1）像素尺寸校准方法概述　在实际测量中，检测图像的像素尺寸一般采用校准试块确定。

校准试块材料一般与被检验材料相同，做成适当厚度的具有锐利边界的矩形块，尺寸应与被检验细节尺寸接近（适当小些或适当大些）。一般应与被检验物体同时检验（放置在最接近被测定细节放大倍数位置）。

记校准试块尺寸为 L_0，设在获得的检测图像测定的校准试块尺寸对应的像素数为 N_0，则按下式计算检测图像像素尺寸

$$P_0 = \frac{L_0}{N_0}$$

确定了检测图像像素尺寸，则可给出测定方程

$$L = NP_0$$

用该方程可测量具体细节尺寸。

（2）单校准试块校准方法　上述直线方程的截距为零，因此理论上可用一点数据与坐标原点数据建立该方程。这就是单校准试块校准方法。即采用一块校准试块确定检测图像像素尺寸。类似前面叙述，可写

$$P_{01} = \frac{L_1}{N_1}$$

从此可给出测量方程

$$L = NP_{01}$$

（3）双校准试块校准方法　理论上还可用两点数据确定直线方程，这就是双试块校准方法。该校准方法需要采用两块校准试块。按上面叙述，其校准获得的检测图像的像素尺寸为

$$P_{02} = \frac{L_2 - L_1}{N_2 - N_1}$$

它给出的测量方程为

$$L = NP_{02}$$

实际应用中，为减少像素尺寸误差引入的累计误差，常选择一块尺寸小于被测细节尺寸的校准试块，另一块校准试块的尺寸大于被测细节尺寸，采用线性插入计算方法，即

$$L = L_1 + (N - N_1)P_{02}$$

或

$$L = L_2 - (N_2 - N)P_{02}$$

式中下标中出现"2"的为尺寸大的校准试块的相应值。或直接写为

$$L = L_1 + (N - N_1) \frac{L_2 - L_1}{N_2 - N_1}$$

$$L = L_2 + (N_2 - N) \frac{L_2 - L_1}{N_2 - N_1}$$

（4）校准方法分析　校准目的本质上是希望建立正确的测定方程。从上面的叙述可以理解，由于确定的测定值 N 必然存在误差，导致校准的像素尺寸必然存在误差。显然，为减少误差，理想的方法是应采用多校准试块校准，图4-23a 显示了这个情况。

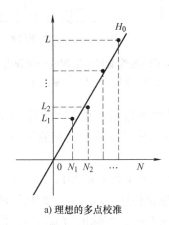

a) 理想的多点校准

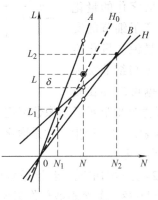

b) 校准误差

图4-23　校准方法分析

实际采用的单校准试块校准方法或双校准试块校准方法必然存在误差，图4-23b 显示了这种情况。在图4-23b 中，H_0 为正确测量方程直线，A、B 为单校准试块校准测量方程直线，H 为双校准试块校准测量方程直线。可见对某一细节（测量值为 N）的测量尺寸与实际尺寸一般都会存在偏差。一般说，采用双校准试块校准的测量误差将小于单校准试块校准方法的测量误差。

不同校准方法的像素尺寸误差会不同，计算结果误差也会不同。

例如，细节尺寸 $L = 2.64$mm，校准试块 1 尺寸 $L_1 = 2.37$mm，校准试块 2 尺寸 $L_2 = 2.82$mm，表4-9 给出了采用不同不清晰度检测图像，不同校准方法计算的细节尺寸。它显示了检测图像不清晰度、像素尺寸校准方法、计算方法对细节尺寸测量结果的影响。若测量最大误差限制为 $\Delta = 0.05$mm，则从表4-9 给出的结果可见，检测图像不清晰度不大于 0.2mm才能满足要求。

表4-9　像素尺寸、校准方法对细节尺寸测量的影响（不放大的检测布置）

U_{im}/mm	图像测定值 N			细节尺寸 L 计算值/mm			
	细节	校准试块 1	校准试块 2	用校准试块 1 计算	用校准试块 2 计算	线性插入计算	用理论像素尺寸计算
0.5	11	9	11	2.89	2.82	2.82	2.75
0.2	26	24	28	2.57	2.62	2.59	2.60
0.15	35	32	38	2.59	2.60	2.59	2.62
0.1	53	47	56	2.67	2.67	2.67	2.65
0.05	106	95	113	2.64	2.64	2.64	2.65

✻✻4. 测量的固有误差

从上面的叙述可以看到，测量细节尺寸时采用的校准像素尺寸和在检测图像上确定的细节尺寸测定数据 N 都会导致测量误差。校准像素尺寸误差理论上可通过多试块校准来减少，测定数据 N 的误差理论上可通过多次测量减小。

实际上，还存在不可避免的图像数字化产生的误差。即在图像数字化的量化过程，可能改变了细节的实际尺寸。也就是说，量化给出的细节数据 N 与细节实际尺寸对应的数据可能存在偏

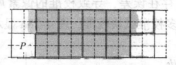 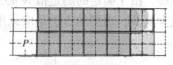

a) 量化减小尺寸　　　　　　　　b) 量化增大尺寸

图4-24　数字图像像素尺寸引起的测量误差

注：图中上行为实际尺寸，下行为量化后尺寸

差。图4-24 示意性地显示了图像数字化量化产生的细节数据 N 的偏差。该偏差由量化间隔（检测图像的像素尺寸）产生，它是数字射线检测技术中尺寸测量固有的误差，它决定了测量可实现的最小误差。

按照图4-24 显示的情况，若记像素尺寸为 P，在数字化后的图像中，一个细节的尺寸绝大多数不会刚好落在某个整数倍像素尺寸值上。量化值应是取了某个最接近的整数倍像素尺寸值。即量化值会产生误差。记，细节量化值为 $x_C(N)$，实际值为 $x_0(N)$，误差为 $e(N)$，则可写

$$e(N) = x_C(N) - x_0(N)$$

则量化误差 $e(N)$ 应是一个随机变量，量化过程可等效为细节实际像素值加上量化误差。量化误差的标准差则为

$$\sigma_e = \frac{P}{\sqrt{12}} \approx 0.29P$$

按正态分布，量化最大误差可能达到像素尺寸值，但一般情况下量化误差应不会超过像素尺寸值的1/2。可见，检测图像的像素尺寸值决定了不可避免的测量固有误差。为得到满足要求的测量误差，必须控制检测图像的像素尺寸值。

✻✻4.5.5　厚度测定

厚度测定问题可分为两种情况，一是某部位厚度差测定；二是工件部位由两种不同材料物体构成，需要测定各部分（不同材料物体）的厚度。

1. 厚度差测定方法

厚度差测定是在某技术检测时，工件检测图像上两邻近部位的灰度值分别为 G_1 和 G_2，确定它们对应的厚度差 ΔT。

按照基本理论的叙述，当厚度差 ΔT 很小时，对应的图像亮度对比度为

$$\frac{\Delta L}{L} = -\frac{\mu \Delta T}{1+n}$$

由于灰度是眼睛对亮度的感觉，可认为就是亮度，因此上式可写为

$$\frac{\Delta G}{G} = -\frac{\mu \Delta T}{1+n}$$

因此可写出

$$\Delta T = -\frac{(1+n)\Delta G}{\mu G}$$

此式应是对 ΔG 很小情况（$\Delta G \approx 0$），即应转换为微分情况

$$\mathrm{d}T = \left(-\frac{1+n}{\mu}\right)\frac{\mathrm{d}G}{G}$$

对特定的工件区、特定的检测技术，因 μ，n 都近似是定值，故可记为常数

$$C = -\frac{1+n}{\mu}$$

这样就有

$$\Delta T = \int_{G_1}^{G_2} C\,\frac{\mathrm{d}G}{G} \tag{4-16}$$

由于函数 $\dfrac{1}{x}$ 的原函数为 $\ln x$，故式(4-16) 积分结果为

$$\Delta T = C\ln G\,\Big|_{G_1}^{G_2}$$

即

$$\Delta T = C\ln\left(\frac{G_2}{G_1}\right) \tag{4-17}$$

为从灰度差确定厚度差，需要确定检测技术的常数 C。常数 C 可从理论上确定，但一般可简单地采用试块确定。按式(4-17) 有

$$C = \frac{\Delta T}{\ln(G_2/G_1)}$$

即可在测量部位附加同样材料、具有适当平面尺寸的小厚度差试块，从检测图像的灰度值确定常数值 C。这样对一定范围内的厚度差都可以测定。

例如，对适当尺寸的厚度为 2mm、4mm、6mm 的平板，在获取的检测图像上测定的灰度值分别为 41000、33000、26000。设厚度 4mm 为未知厚度，用厚度 2mm、6mm 作为试块确定需要的常数

$$C = (6-2)\big/\ln\left(\frac{26000}{41000}\right) \approx -8.7820$$

用它可确定未知厚度（这里为 4mm）与厚度 2mm、6mm 的厚度差。与厚度 2mm 的厚度差为

$$\Delta T = -8.7820 \times \ln\left(\frac{33000}{41000}\right) \approx 1.9026(\text{mm})$$

与厚度 6mm 的厚度差为

$$\Delta T = -8.7820 \times \ln\left(\frac{33000}{26000}\right) \approx -2.0937(\text{mm})$$

可见，这样测定的误差可控制在较小范围。

需要注意的是，上面假设了 μ，n 近似为定值，因此只适用于小厚度差测定。

2. 两种不同物体结构的厚度测定原理

对于工件结构为两种不同物体（例如，管道的保温层与本体结构）构成的厚度测定，

需要采用双能射线检测技术。双能射线检测技术是用高、低两种不同能量的射线透照工件。双能射线检测技术测定工件中两种不同材料厚度的原理如下。

假定工件结构的两种材料厚度分别为 T_1 和 T_2，采用的 X 射线能量分别为 E_1 和 E_2，两种材料对不同能量射线的衰减系数分别为 $\mu_1(E)$ 和 $\mu_2(E)$，入射射线强度为 I_0，透射射线强度为 I。依据射线的衰减规律，则可写出两次透照的透射强度的方程

$$I(E_1) = I_0(E_1) e^{-\mu_1(E_1)T_1 - \mu_2(E_1)T_2}$$

$$I(E_2) = I_0(E_2) e^{-\mu_1(E_2)T_1 - \mu_2(E_2)T_2}$$

对二式分别取自然对数为

$$\ln\left(\frac{I_0(E_1)}{I(E_1)}\right) = \mu_1(E_1)T_1 + \mu_2(E_1)T_2$$

$$\ln\left(\frac{I_0(E_2)}{I(E_2)}\right) = \mu_1(E_2)T_1 + \mu_2(E_2)T_2$$

从而可求得

$$T_1 = \frac{\ln[I_0(E_1)/I(E_1)]\mu_2(E_2) - \ln[I_0(E_2)/I(E_2)]\mu_2(E_1)}{\mu_1(E_1)\mu_2(E_2) - \mu_1(E_2)\mu_2(E_1)} \tag{4-18}$$

$$T_2 = \frac{\ln[I_0(E_1)/I(E_1)]\mu_1(E_2) - \ln[I_0(E_2)/I(E_2)]\mu_1(E_1)}{\mu_1(E_2)\mu_2(E_1) - \mu_1(E_1)\mu_2(E_2)} \tag{4-19}$$

即只要确定了工件两种材料的射线衰减系数，测定了两次透照时测定部位的射线透射比，则可按式(4-18) 和式(4-19) 计算出工件两种材料的厚度。

方程有解的条件是

$$\frac{\mu_1(E_1)}{\mu_1(E_2)} - \frac{\mu_2(E_1)}{\mu_2(E_2)} \neq 0$$

因此应正确地选取两次透照的射线能量。

4.6 数字射线检测图像质量控制

4.6.1 检测图像质量参数控制

为了保证数字射线检测图像质量，对于检测图像质量的三个参数都需要控制。

按照目前数字射线检测技术标准的规定，在获得的数字射线检测图像上，采用常规像质计测定数字射线检测图像的对比度，采用双丝型像质计测定数字射线检测图像的不清晰度（空间分辨力）。后者可直接给出检测图像不清晰度值

$$U_{im} = 2d$$

式中 d——双丝型像质计测定时不能区分成丝对的最大丝直径。

按照图像不清晰度值与线对值的关系，则可给出另一个表示空间分辨力的空间频率线对值

$$R_{im} = \frac{1}{2d}$$

关于检测图像质量的规格化信噪比，按标准规定应在设计透照参数时进行保证，在获得的检测图像上可采用相关软件进行测定。

　　对于数字射线检测技术获得的检测图像质量，之所以也必须测定不清晰度（空间分辨力），主要原因是检测图像的不清晰度（空间分辨力）不再像胶片射线照相技术那样由透照技术因素（射线能量、焦距等）确定，这时必须考虑辐射探测器（系统）的性能和图像数字化技术的影响，而这些因素不能简单地实现完全控制。

4.6.2　图像质量的补偿规则(*)

　　目前在数字射线检测中使用的探测器，其空间分辨力（与射线胶片比较）还存在一定差距。这导致获得的数字射线检测图像，在某些范围其空间分辨力（不清晰度）不能达到相关标准规定的要求。为此在有的检测技术标准中提出了检测图像质量的"补偿规则"。即通过提高曝光量增加信噪比，提高检测图像的对比度，补偿因不清晰度较大引起的小细节对比度降低。

　　1. 补偿规则典型规定

　　在 ISO 17636 - 2：2013 标准中关于补偿规则的规定，可认为是补偿规则的典型规定。其补偿规则的规定可简单概括成：如果对于使用的探测器系统和曝光条件，检测图像质量参数的双丝型像质计值未达到规定值，可通过增加常规单丝型像质计值（或阶梯孔像质计值），补偿超出的不清晰度值引起的对比度损失。具体规定是以下三条。

　　（1）1 级补偿　提高单丝像质计值 1 级补偿双丝型像质计值降低 1 级。如，要求 D12/W16 但图像质量仅达到 D11，则认为 D11/W17 可提供等价检验灵敏度要求。

　　（2）2 级补偿　补偿限制在最多提高单丝像质计值 2 级补偿双丝型像质计值降低 2 级。

　　（3）3 级补偿　对特定检验，在保证缺陷灵敏度下，经过合同各方同意，可放松到提高单丝像质计值 3 级补偿双丝型像质计值降低 3 级。

　　2. 补偿规则使用

　　必须注意的是，补偿规则是通过提高信噪比达到更高的对比度灵敏度，并不补偿不清晰度，也就是并不是保证全面达到了原规定的检测图像质量。图 4-25 为像素尺寸为 200μm 的 DDA，规格化信噪比为 24 与（通过增加曝光量提高到）337 的检测图像的双丝型像质计图像，测定值始终为 D7。

　　不清晰度增大，除可降低细小缺陷对比度外，还可能引起的问题是：改变缺陷形貌特点，增大小裂纹缺陷宽度尺寸，可引起将

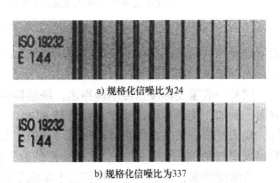

a）规格化信噪比为24

b）规格化信噪比为337

图 4-25　补偿规则不提高检测图像不清晰度

邻近小缺陷误认为是一个缺陷等，这可能导致给出错误的缺陷尺寸，甚至给出错误的质量级别评定。图 4-26 显示了不清晰度的这些影响情况。

　　此外，应注意的是：ISO 17636 - 2 标准是金属材料熔化焊接头的数字射线检测标准，因

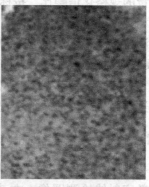

a) 铸铝针孔缺陷(左图：DDA-100μm；右图：DDA-200μm)

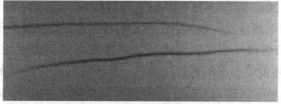

b) 同一裂纹的检测图像(上图：DDA-100μm；下图：DDA-200μm)

c) 小钢珠(直径0.5mm)检测图像(左图可见光；中图AA400胶片；右图DDA-200μm)

图4-26　不清晰度对检测图像的影响

此所涉及的缺陷仅是熔化焊缺陷，其焊接接头质量级别评定，依据的基本是缺陷性质、尺寸，而不涉及缺陷形貌特征。

国外一些重要标准已经明确指出，缺陷检验在理论上至少包括识别缺陷和分辨缺陷两个方面。例如，美国材料试验学会 ASTM E1441－00 标准指出，仅是可检出缺陷往往是不够的，缺陷检验应该包括的是可检出、可分辨。ASTM E2698－10 标准（DDA 检测技术标准）明确规定（第10.19.2.3条），如果使用的数字射线检测技术系统不能获得规定的检测图像的不清晰度要求，该数字射线检测技术系统不适宜应用于检测工作。

因此在应用补偿规则时必须注意要求检测的缺陷特点，确定是否可应用补偿规则，确定可应用的补偿规则级数。

从实际考虑，缺陷检测一般应包括三方面：显示存在的缺陷、正确显示缺陷尺寸、正确显示缺陷形貌。全面运用这三方面数据才能正确做出质量级别评定。所以在应用补偿规则时必须注意，因不清晰度变差影响的程度是否会导致错误的质量级别评定。在确定可应用的补偿规则范围时，必须依据工件的材料、工艺、缺陷特点和技术条件规定。当缺陷形貌、准确的缺陷尺寸是质量级别评定的关键时，应慎重考虑补偿规则应用的范围。

*3. 补偿规则提出的理论基础

对于上述补偿规则，可按照检测图像不清晰度对小细节图像对比度影响理解。

简单地说，对于小细节检测图像的对比度有

$$C = C_0 \frac{W}{U_{im}}$$

式中 W——小细节图像宽度（小于检测图像不清晰度）。

对于某检测图像，原要求对比度与不清晰度关系为：

$$C_1 = C_0 \frac{W}{U_{im,1}}$$

当不清晰度 $U_{im,1}$ 增大为 $U_{im,2}$ 时，细节图像对比度将降低为

$$C_2 = C_0 \frac{W}{U_{im,2}}$$

为使 $C_2 = C_1$，就必须提高这时的 C_0 值。如果 $U_{im,2} = kU_{im,1}$，则就应要求这时的 C_0 值也提高 k 倍。即

$$C_2 = kC_0 \frac{W}{U_{im,2}} = kC_0 \frac{W}{kU_{im,1}} = C_0 \frac{W}{U_{im,1}} = C_1$$

即通过提高检测图像对比度可以补偿不清晰度增大引起的小细节对比度损失。由于单丝像质计和双丝型像质计的金属丝设计采用的是同样的等比数列，这样就可以采用同等的提高单丝型像质计值补偿双丝型像质计值的对应降低。

基于理论给出的对比度灵敏度与信噪比的关系，实现对比度提高的基本技术措施是提高检测图像的信噪比。

*4.7 数字射线检测技术级别近似设计

*4.7.1 技术级别设计概述

数字射线检测技术设计解决的问题是，按照技术条件或验收标准规定的缺陷检验要求，设计满足要求的数字射线检测技术。要注意的是，缺陷检验的完整意义应包括正确显示缺陷形貌、尺寸和分布，依据它们可正确做出工件质量级别的评定。这就要求，不允许存在的缺陷必须能检验出来（包括性质、尺寸），而允许存在的缺陷也不能显示成不允许存在的缺陷（包括性质、尺寸）。

完整的数字射线检测技术设计应包括检测技术系统选择、检测技术控制、检测图像质量要求三方面设计。检测图像质量设计可称为检测技术级别设计。实际的检测技术设计是从检测图像质量设计开始，以此完成检测技术系统选择、检测技术控制的设计。设计好检测图像质量后，如果存在符合要求的检测技术标准与相应的技术级别，则可指定应采用的检测技术标准与相应的技术级别，而无须后续的详细设计。

按照数字射线检测技术理论，数字射线检测技术级别设计主要是给出检测图像质量的对

比度和不清晰度指标。即设计出检测图像的常规像质计灵敏度值和双丝型像质计测定的不清晰度值（空间分辨力）。检测图像质量的信噪比则通过选择探测器系统和透照技术参数（主要是曝光量）控制实现。

检测图像质量设计（检测技术级别设计）的基本理论是细节识别理论和采样定理。利用细节模拟缺陷，从细节识别理论和采样定理给出缺陷检验与像质计值的关系，从而确定检测图像质量必须达到的质量指标。设计的过程基本是：

1）确定缺陷模拟应采用的细节。

2）利用细节识别与常规像质计识别之间的关系式确定常规像质计指标。

3）依据确定的常规像质计指标按采样定理确定双丝型像质计指标。

对于计算给出的检测图像质量指标值，通常都需要规范化，即转换为像质计采用的标准化数值。转换时，一般都是靠向最接近的标准化数值。当与标准化数值差别较大时，倾向于靠向更严格要求的标准化数值。

常规像质计常以丝型像质计为基本形式，对于阶梯孔像质计或平板孔像质计，可利用细节识别理论做出简单转换。典型的转换关系是丝型像质计与平板孔型像质计的可识别性关系式

$$F_S d^3 l = \frac{\pi}{4} T^2 H^2 \qquad (4\text{-}20)$$

也可以采用胶片射线照相检测技术常用的关系式

$$F^3 d^3 l = \frac{\pi}{4} T^2 H^2$$

式中 d——丝型像质计的丝直径；

F——形状因子，$F = 0.79$；

l——有效长度，$l = 7.6\text{mm}$；

T，H——分别为平板孔型像质计的板厚度和孔直径（mm）。

对于阶梯孔像质计仅需要令平板孔型像质计的板厚度与孔直径相等就可以了。

对于技术级别设计，目前的细节识别理论只能模拟部分典型缺陷，此外，细节识别理论本身也还存在需要研究、解决的问题。

*4.7.2 检测图像常规像质计指标近似设计

检测图像常规像质计指标近似设计可运用细节识别理论关系式进行。实际设计时一般都从问题的具体情况，运用与这些关系式在一定近似条件下的近似关系式进行。目前可处理的主要是气孔缺陷（球孔细节模拟）和根部未焊透缺陷（矩形缝细节模拟），后者可对特定方向的裂纹做出一定程度估计。按照第3章中的讨论，近似设计一般都运用下面的近似关系式进行。

1. 气孔与丝型像质计可识别性关系式

采用基本近似条件如下：

1）认为丝与球孔细节的识别阈近似相等。

2）认为不清晰度小于应识别的丝直径和球孔直径，忽略不清晰度对它们的对比度的影响。

忽略不清晰度对丝图像投影宽度的影响，则可采用式(4-15)处理常规像质计指标设计。

$$\frac{\pi}{4}F_Q^2D^4 = F_S d^3 l \tag{4-21}$$

式中 d——丝型像质计可识别最细金属丝直径（mm）；

l——丝型像质计金属丝有效长度，$l = 7.6\text{mm}$；

F_S——丝的形状因子，$F_S = 0.79$；

D——球孔（气孔）直径（mm）；

F_Q——球孔的形状因子，$F_Q = 0.81$。

2. 根部未焊透与丝型像质计可识别性关系式

对根部未焊透缺陷，采用 $\theta = 0$ 时矩形缝细节模拟。基本近似条件如下：

1）认为丝与矩形缝细节的识别阈近似相等。

2）认为不清晰度小于应识别的丝直径，忽略不清晰度对丝的对比度的影响。

考虑到缝宽远小于不清晰度，则可采用简化关系式处理。

$$LW = \frac{\sqrt{U_{\text{im}}}}{b}d\sqrt{(F_S d + U_{\text{im}})} \tag{4-22}$$

式中，$b = 1.6$，$F_S = 0.79$。若还可以忽略不清晰度对丝投影图像宽度的影响，则式(4-22)可再简化为

$$(LW)^2 = \frac{U_{\text{im}}}{b^2}F_S d^3 \tag{4-23}$$

3. 裂纹与丝型像质计可识别性关系式

对裂纹缺陷与丝型像质计识别关系，可采用矩形缝细节处理。

处理时应注意的是：仅能处理延伸方向与射线透照方向相同的裂纹。也就是采用矩形缝处于 $\theta = 0$ 且宽度 W 远小于不清晰度的关系式处理。处理中一个特殊的近似考虑是：以裂纹最大开裂宽度的 1/2 作为矩形缝细节的宽度。

这样，后续的处理就类似于应用矩形缝处理根部未焊透的过程。

*4.7.3 检测图像不清晰度（空间分辨力）指标设计

关于检测图像不清晰度指标，基本的设计方法是依据采样定理。

若把采样定理一般地写成 $f_S \geqslant kf_m$，则 k 取不同值对细节的分辨能力不同。图 4-27 显示了采样频率对细节分辨能力的影响。从该图可看到，通常采样定理要求的 $f_S = 2f_m$，是细节处于对比度峰值保持不降低的可分辨状况；当 $f_m < f_S < 2f_m$ 时，细节处于对比度峰值降低的可分辨状况；当 $f_S \leqslant f_m$ 时，细节将进入对比度峰值降低不可分辨状况。由于实际的不清晰度曲线并不是简单的直线，情况将比图 4-27 显示的复杂。

为分辨细节，采样频率不能小于 1 倍细节对应的空间频率，希望大于 2 倍细节对应的空间频率。通常希望采样频率能等于 3~5 倍细节对应的空间频率。

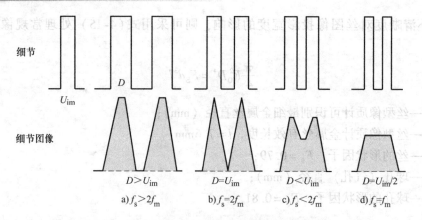

图 4-27 采样频率对细节图像分辨的影响

D—细节尺寸 U—不清晰度

由于有关系

$$f_S = \frac{1}{U_{im}}, \qquad f_m = \frac{1}{2d}$$

可得到

$$U_{im} \leq \frac{2}{k}d$$

式中 U_{im}——检测图像不清晰度（mm）；

  d——检测图像应识别的丝型像质计丝直径尺寸（mm）。

这样，当选定了要求达到的细节分辨能力后，也就是选定了 k 值后，就确定了检测图像对比度（常规像质计丝直径 d）指标与不清晰度指标间的关系。通常它可写为

$$U_{im} = \frac{2}{k}d$$

在数字射线检测技术的实际应用中，k 值并不是简单地依据采样定理要求做出统一处理，常常是考虑缺陷性质与工件厚度后做出选择。

对于一般应用情况，可选择 $k = 2.4$，即采用

$$f_S = 2.4 f_m$$

这时，检测图像不清晰度与应识别的丝型像质计金属丝直径间的关系为

$$U_{im} \approx 0.8d$$

当然，这仅仅是一种可应用的处理。在 ASTM E2736 – 10 标准中给出了从缺陷可检验性和坏像素情况考虑像素覆盖缺陷的方法。

*4.7.4 例题

【例 1】 气孔检验技术级别设计

某焊接接头，技术条件要求气孔的尺寸不应超过 0.7mm。设计实现该气孔检验的数字射线检测技术的检测图像质量指标。

解：

（1）确定必须达到的丝型像质计灵敏度 从气孔可检验性与丝型像质计灵敏度关系式——式（4-21）可得到应识别的丝型像质计最细金属丝直径为

$$d = D \sqrt[3]{\left(\frac{\pi F_Q^2 D}{4 F_s l}\right)}$$

代入有关数据，$D = 0.7\text{mm}$，$F_Q = 0.81$，$F_S = 0.79$，$l = 7.6\text{mm}$，得到 $d = 0.27\text{mm}$。

（2）按 $f_S = 2.4 f_m$ 确定需要的不清晰度 从关系式

$$f_S = \frac{1}{U_{im}}, \qquad f_m = \frac{1}{2d}$$

则有

$$U_{im} = \frac{2d}{2.4} = \frac{2 \times 0.27\text{mm}}{2.4} = 0.2250\text{mm}$$

（3）数值规范化 所求得的直径值不属于丝型像质计金属丝直径值系列，从保证检验结果可靠性，对其规范化，取 $d = 0.25\text{mm}$。规范不清晰度值，取 $U_{im} = 0.20\text{mm}$。

可见，这是整体上偏严格的规范化处理。

（4）检测图像质量指标设计 丝型像质计像质值：W12 = 0.25mm；双丝型像质计测定值：D10 = 0.20mm。

从上面设计的检测图像质量指标，若焊件的板厚为 20mm，则 ISO 17636 - 2：2013 标准的 B 级技术满足要求。即可以采用该标准的 B 级技术完成检验。

需要指出的是，如果考虑不清晰度对于细节投影图像宽度的影响，则计算的应识别的丝型像质计金属丝直径值将与选择的采样定理关系相关。这实际是反映不同的不清晰度对细节对比度的影响不同。

【例2】 未焊透检验技术级别设计

某钢焊接接头，要求检验尺寸超过 2mm × 0.02mm（深度 × 宽度）的未焊透。设计实现该未焊透检验的数字射线检测技术的检测图像质量指标。

解：

（1）设应识别的常规像质计丝直径为 d 采样定理采用 $f_S = 2.4 f_m$，容易得到

$$U_{im} = \frac{2}{2.4} d \approx 0.8d$$

（2）采用根部未焊透的矩形缝近似关系式设计常规像质计丝直径为 d 即以近似关系式 [式（4-22）]

$$LW = \frac{\sqrt{U_{im}}}{b} d \sqrt{(F_S d + U_{im})}$$

结合关系式 $U_{im} = 0.8d$ 进行设计计算。采用数值计算方法，得到 $d = 0.2383\text{mm}$，$U_{im} = 0.1914\text{mm}$。

（3）规范化指标 适当规范化后则可给出设计的检测图像质量指标 $d = 0.25\text{mm}$，$U_{im} = 0.20\text{mm}$。

（4）与胶片射线照相检测技术的近似关系式处理结果比较 胶片射线照相检测技术的一个近似关系式是

$$LW = \frac{0.8 d^2}{(1 + d/U)} \tag{4-24}$$

结合关系式 $U_{im} = 0.8d$，计算得到 $d = 0.3354\text{mm}$，$U_{im} = 0.2683\text{mm}$。规范化后得到 $d = 0.32\text{mm}$，$U_{im} = 0.25\text{mm}$。

两结果的差异产生于式(4-24) 近似关系式导出中仅考虑了不清晰度对细节投影图像宽度影响，未考虑不清晰度对细节图像对比度影响，但这对于窄矩形缝是必须考虑的方面。

采用式(4-23)

$$(LW)^2 = \frac{U}{b^2}(Fd)^3$$

结合关系式 $U_{im} = 0.8d$，计算得到 $d = 0.3192\text{mm}$，$U_{im} = 0.2553\text{mm}$。规范化后得到 $d = 0.32\text{mm}$，$U_{im} = 0.25\text{mm}$。

该结果的差异产生于式(4-23) 近似关系式导出中仅考虑了不清晰度对细节图像对比度影响，未考虑不清晰度对细节投影图像宽度影响，但这对于窄矩形缝是必须考虑的方面。

因此应认为这里采用式(4-22) 给出的计算结果更接近正确值。而胶片射线照相检测技术的近似关系式 [式(4-24)]，做出了过多的近似处理。

4.8 数字射线检测技术稳定性控制

为保证数字射线检测结果能够可靠地重复，必须保证检测技术系统处于稳定受控状态。为此，需要采取的主要措施是，编制检测工艺文件、进行检测系统性能长期稳定性试验。编制的检测工艺文件、检测系统性能长期稳定性试验文件，应成为检测机构的检测系统或质量保证体系的一部分。

4.8.1 检测工艺文件 (检测程序文件)

检测工艺文件，或称为检测程序文件，其主要检测技术内容应编制成检测工艺卡。检测工艺文件 (检测程序文件) 的主要内容应包括下列项目。

1) NDT 机构名称、地址、日期、程序版本。

2) 检测使用的探测器类型和制造厂。像质计类型和尺寸，如果使用替代的像质计，它们的设计细节或标准应出现在文件中。

3) 工件材料类型和厚度范围。要求的质量级别和检测区达到的最低质量级别。

4) 透照布置 (射线源、工件、IQI 位置) 的图样或照片，所使用的射线束角度、SDD (源到探测器距离)、ODD (工件到探测器距离)、几何放大倍数，屏蔽物体，垫块材料和厚度。

5) 透照 (图像采集) 参数：X 射线曝光应给出电压、电流、滤波、帧平均、射线束或探测器准直、有效焦点尺寸；γ 射线源曝光应给出源类型、源活度、曝光时间、帧平均、射线束或探测器准直、源尺寸。

6) 自动系统的扫描面控制。

7) 评定技术主要要求：观察图像的窗口宽度和水平；所使用的图像处理参数，包括降噪方法、对比度增强、滤波处理等。

8) 验收准则。验收准则可从程序分离出，但应文件化，且评定图像人员应可得到。

9) 证实系统符合检测要求方法的文件。

10) 检测工艺卡给出的内容主要是：检测时机、曝光区、识别标记规定、像质计类型和使用、透照布置、透照 (图像采集) 参数、图像处理参数等。

若检测程序对许多工件类似，主书面程序应覆盖共同的细节要求。全部书面程序文件应由责任 RT－D 的Ⅲ级人员批准。

4.8.2 检测系统性能的长期稳定性试验控制

必须注意的是：在使用寿命期，数字射线检测系统的性能可能发生变化，甚至超出检测应用性能限制的要求。因此必须进行检测系统性能长期稳定性试验控制，包括：定期性能核查试验，系统修理、更换、更新软件后（系统改变）的特定性能测定试验。通过这些性能测定试验决定系统是否应退出检测工作。

为了评定系统性能的稳定性，在系统投入检测工作时，应测定系统的初始性能数据，并依据检测对象的特定要求，设置出允许的性能变化限制数据，作为以后评定系统性能是否符合检测要求的依据。

4.8.3 检测工艺卡编制

1. 概述

检测工艺卡是检验人员按其规定实施检测操作的技术卡片。它主要规定了成像技术的透照方式、透照参数（图像采集参数）、一次检测区（透照次数）、图像处理参数、像质计类型和使用等。图 4-28 是一个可参考的检测工艺卡样式。它是日常控制检测操作技术稳定性、可重复性的技术措施。

数字射线成像检测技术工艺卡

编号：

1	工件名称		工件图号			
	工件材料与规格		工件加工工艺			
	检验方法标准/级别		验收技术条件			
2	X射线机型号		X射线机焦点尺寸			
	探测器类型与型号		像素尺寸与A/D 位数			
3	透照方式		透照布置示意图			
	f/mm					
	b/mm					
	M(放大倍数)					
	工件厚度/mm					
	透照电压/kV					
	管电流/mA					
	曝光时间					
	IP 扫描参数					
	一次区长度					
	检验次数					
	附加说明					
4	图像观察与评定	尺寸测定	开窗观察	窗宽窗位	通用工艺规程规定	
5	图像质量	基本要求	线型IQI		双丝IQI	
		补偿规定	线型IQI		双丝IQI	
6	备注	1				
		2				
7	编制：		审核：		批准：	

图 4-28 检测工艺卡的设计样式

（1）编制工艺卡的基本依据　编制工艺卡的基本依据包括：工件的技术条件（验收标准）、执行的检测技术标准。此外，还可以包括本单位（部门）的检测技术通用工艺规程。

也就是说，所编制的工艺卡规定的检测技术必须满足工件技术条件（验收标准）的要求，必须符合所执行的检测技术标准和本单位（部门）的检测技术通用工艺规程的规定。

（2）编制工艺卡需要处理的主要问题　在编制工艺卡时，实际需要处理的主要技术问题如下。

1）技术级别设计（Ⅲ级人员要求）。当产品（工件）技术条件明确指定了检测技术标准和检测技术级别时，应执行技术条件的规定。当产品（工件）技术条件未做出相关规定时（这应是实际的一般情况），应分析产品（工件）技术条件的缺陷检测要求，设计需要达到的检测图像质量要求，选择适宜的检测技术标准和检测技术级别。

2）探测器系统性能设计（Ⅲ级人员要求）。显然，并不是任何一个数字射线检测系统都可以满足任何检测要求，因此在确定了检测技术级别后，需要设计满足检测技术级别的探测器系统性能——选择适宜的探测器系统。主要是设计探测器系统的基本空间分辨力（或像素尺寸）和规格化信噪比，此外还应设计探测器系统的 A/D 转换位数。

需要注意的是，设计时应考虑后续的实际检测技术，特别是与产品（工件）结构密切相关的可采用的透照方式及检测系统的射线源焦点尺寸。即实际设计应是结合实际检测技术的过程，而不是单纯的探测器系统本身性能设计。

3）具体技术设计（Ⅱ、Ⅲ级人员要求）。包括透照技术、图像采集技术、图像显示与观察技术等。一般地说，此过程实际转化为按执行的检测技术标准正确确定相关要求。需要独立于标准自行做出设计的是透照方式与图像质量的补偿规则要求。

确定透照方式是关键环节，直接关系到是否能够符合产品（工件）技术条件的缺陷检测要求，也直接决定了后续的透照参数设计等。图像质量补偿规则设计基础是对产品（工件）技术条件的缺陷检测要求的正确理解。这些都要求编制人员除了掌握必须的数字射线检测技术基本理论外，还必须掌握一定的材料工艺缺陷知识，否则难以正确处理工艺编制技术设计问题。

对于Ⅱ级人员，一般要求能够对给定的检测系统（射线源、探测器系统），按检测技术标准规定设计检测技术主要数据。

（3）编制工艺卡的基本步骤　编制工艺卡的基本步骤可概括如下。

1）问题分析。分析工件技术条件要求，分析工件的材料、工艺、结构决定的缺陷特点，从而对工件技术条件的要求做出正确的认识。

2）基本数据准备。归纳检测技术标准对技术级别的主要限制要求（包括本单位通用工艺规程的相关规定），汇集处理检测技术需要的基本数据（曝光曲线、规格化信噪比与曝光量关系曲线等）。

3）主要技术数据处理。确定透照方式、设计技术参数、适当验证试验。其中确定透照方式是关键，它决定了所编制检测工艺的正确性与优劣。

4）编写文件。编写出工艺卡文件，完成签署。

2. 编制工艺卡的具体步骤

编制工艺卡是依据工件技术条件的要求，按所执行的数字射线成像检测标准技术级别的规定和本单位通用工艺规程的规定，规定出工件的具体检测技术数据和检测图像质量要求。此外，编制工艺卡还需要的基础技术数据是曝光曲线和所用探测器（系统）的规格化信噪比与曝光量关系曲线。

编制工艺卡的具体步骤如下。

（1）基本数据准备　归纳检测技术标准对技术级别的主要限制要求（包括本单位通用工艺规程的相关规定）主要包括：射线能量、检测图像规格化信噪比、源到工件表面最小距离、透照厚度比、检测图像不清晰度等；准备好处理检验技术需要的基本数据：曝光曲线、规格化信噪比与曝光量关系曲线等。

（2）确定透照方式　确定透照方式是编制工艺卡的关键步骤。

选择应采用的透照方式的基本原则是有利于缺陷检测，因此应从工件的材料、工艺、结构，对所检测缺陷特点做出初步判断。依据对所检测缺陷特点的判断，结合工件的结构特点选择透照方式。日常，这个基本原则通常可转化为单壁透照原则，即在可采用单壁透照方式时，一般不采用双壁透照方式。简单地说，就是选择透照厚度小的透照方式。

此外，应考虑的是效率高（透照次数少）、容易实现（设备、条件等）。但无论如何，都必须保证能达到工件技术条件对缺陷的检测要求。

典型工件透照技术常常是确定透照方式的基本参考。

（3）透照参数规定　透照参数主要包括透照电压、曝光量、源到工件表面距离和探测器位置。

透照电压与曝光量从曝光曲线确定。按工件透照厚度，考虑检测技术标准关于射线能量的限制规定和曝光量的实际适用情况，确定一组可用的数据。确定透照电压时常常需要线性插入，确定曝光量则应按对数刻度尺做出估计。

源到工件表面距离和探测器位置，需要依据限定的源到工件表面最小距离、透照厚度比、检测图像不清晰度来确定。由于目前标准对源到工件表面最小距离的规定并不一定正确、完整，需要参考教材的讨论进行具体处理。处理的核心是保证所使用的检测系统在正确的几何放大倍数下获得满足要求的检测图像不清晰度。

在上面处理完成后，需要对从曝光曲线确定的曝光量，按探测器（系统）的规格化信噪比与曝光量关系曲线做出满足检测图像规格化信噪比的修正，还需要按照确定的焦距按平方反比定律做出修正。

需要注意的问题是，当需要采用补偿规则时，必须提高检测图像原要求的规格化信噪比（例如，从原来的 A 级要求提高到 B 级要求），这样才能保证常规像质计可达到更高指标。

此外，对于 DDA 成像技术，需要将确定的曝光时间转换为一幅检测图像的帧速和叠加帧数（积分时间），处理时，需要注意检测系统控制软件给出的可能处理（特别是帧速设置）。

（4）图像数字化参数处理　图像数字化参数处理时需要规定的是采样间隔（像素尺寸），它应依据检测图像质量的不清晰度指标设计。关于量化位数，对于 A 级技术一般应不小于 12bit，对于 B 级技术一般应不小于 14bit，可能时都希望达到 16bit 或更大的量化位数。

显然，对于 DDA，仅仅需要清楚其具体数据；对于 IP 板探测器系统，需要处理的主要是规定 IP 板图像扫描读出参数。通常是按照图像数字化采样定理确定扫描点尺寸。

（5）图像观察与评定　图像观察与评定要求的一般方面属于共性要求，无特殊要求时，可简单规定为通用工艺规程的规定。需要具体规定的是，当缺陷检测具有特殊性时，针对缺陷检测要求特点的数字图像增强处理特殊要求与尺寸测定要求等。如识别尺寸很小的缺陷必须进行放大观察；为保证对比度小缺陷的识别必须进行窗宽窗位调整；为保证尺寸测定准确需要采用的特殊方法等。

（6）检测图像质量指标规定　简单地按检测标准技术级别的规定，按透照方式、透照厚度规定常规 IQI 指标、双丝 IQI 指标和采用的补偿规则规定。

（7）编写文件　编写出工艺卡文件，完成签署。其中附加说明主要是图像识别标志规则和散射线控制措施，备注主要是辐射防护特殊要求等。

3. 例题

下面给出针对 II 级人员要求的例题。显然，若前面附加上技术级别设计或探测器系统性能选择内容，则可构成对 III 级人员的工艺卡编制问题。

【例1】　某采用 45 钢制作的筒段，外径 1200mm，壁厚 12mm，不同段间采用双面电弧熔焊对接。对焊接质量要求按 ISO 17636 - 2：2013 标准 A 级技术检测，允许采用 1 级补偿。

检测系统如下：

X 射线机型号 HP - 400，焦点尺寸 3mm，电压可调范围为 20 ~ 400kV，电流可调范围为 3 ~ 15mA，辐射角为 40°。

DDA 探测器型号 P - 200，像素尺寸 200μm，A/D 位数 16bit，适用最高能量为 450kV，工作面积为 200mm × 200mm。

曝光曲线如图 4-29 所示，可用的探测器规格化信噪比-曝光量关系曲线如图 4-30 所示。按上述条件和要求，编制筒段焊接接头检测技术工艺卡。

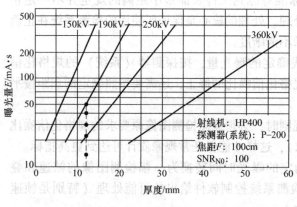

图 4-29　曝光曲线

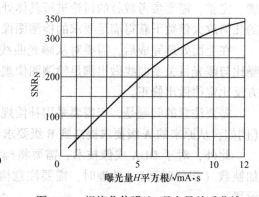

图 4-30　规格化信噪比-曝光量关系曲线

解：

（1）检测技术标准对 A 级技术的主要限定要求

1）最高透照电压。对 12mm，应不大于 200kV；对 16mm，应不大于 240kV。对于 DDA，标准允许透照电压超过上述限定值。

2）检测图像质量（对 12mm）指标。W12、D8（U_{im} = 0.32mm）、$SNR_N \geqslant 70$（B 级：

$SNR_N \geqslant 100$)。关于规格化信噪比，标准还规定，在热影响区测定时，应乘因子1.4。

3）一次区长度。透照厚度比应不大于1.2；检测图像规格化信噪比应符合要求。

4）检测图像质量的补偿规则。1级补偿：提高单丝像质计值1级补偿双丝型像质计值降低1级。采用该补偿后，检测图像质量指标应达到W13、D7（$U_{im} = 0.40mm$）、$SNR_N \geqslant 100$。

（2）工艺卡编制的具体处理

1）透照方式。工件结构为圆筒，检验区为环缝，主要缺陷无特殊性。最好的透照方式为源在中心的周向透照方式，采用适当旋转工装。图4-31显示了可采用的透照方式。

需要的是核查在周向透照方式下相关数据是否符合标准规定的要求。

2）透照电压与基本曝光量。在图4-29曝光曲线中，对12mm厚度，为使检测图像的规格化信噪比为100，可以有一系列透照电压与曝光量组合（见图4-29虚线上的点）。

考虑到标准关于最高透照电压限制（及允许超过）的规定，确定采用组合数据：透照电压（线性插入）为220kV，基本曝光量 $E_0 = 30mA \cdot s$。

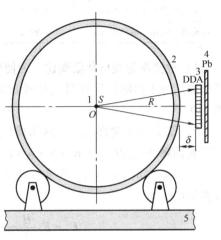

图4-31　透照方式

3）探测器位置。当选用了图4-31透照方式后，源到工件表面距离确定，需要处理的是探测器位置。按最佳放大倍数简单处理。基本公式为

$$U_{im} = \frac{1}{M}\sqrt{[\phi(M-1)]^2 + (U_D)^2}, \qquad M_{opt} = 1 + \left(\frac{U_D}{\phi}\right)^2$$

对给出的检测系统有

$$M_{opt} = 1 + \left(\frac{U_D}{\phi}\right)^2 = 1 + \left(\frac{0.4}{3}\right)^2 = 1.0178$$

$$U_{im,opt} = 0.3965mm$$

可见，必须采用补偿规则。以壁厚中间层为基点按最佳放大倍数简单处理探测器位置。取

$$\Delta = T/2 = 6mm$$

这时总有

$$f = R - \Delta = 600mm - 6mm = 594mm$$

记探测器表面与工件探测器侧表面距离为 δ，则探测器位置 b 为

$$b = \delta + \Delta$$

选取不同的探测器位置 b，如下计算工件两表面的几何放大倍数和对应的检测图像不清晰度，结果见表4-10。从该表数据，可选的探测器表面与工件探测器侧表面距离 δ 应不大于35mm。考虑探测器使用过程的安全，取为30mm（或20mm）。

$$M_0 = \frac{f+b}{f-\Delta} \qquad M_T = \frac{f+b}{f+\Delta}$$

表 4-10 确定探测器位置的计算数据

探测器位置 b/mm	10	20	30	40	50
探测器表面距离 δ/mm	4	14	24	34	44
源侧几何放大倍数	1.0272	1.0442	1.0612	1.0782	1.0952
探测器侧几何放大倍数	1.0067	1.0233	1.0400	1.0567	1.0733
源侧图像不清晰度/mm	0.3974	0.4035	0.4147	0.4300	0.4488
探测器侧图像不清晰度/mm	0.3978	0.3968	0.4015	0.4113	0.4253

4）检测图像规格化信噪比。为使用补偿规则，选择 B 级的规格化信噪比 100 作为基本要求值。由于检测图像规格化信噪比需要在热影响区测定，规定最低值乘以因子 1.4，得到 140。

5）基本曝光量修正——从图像规格化信噪比考虑。从图 4-30，规格化信噪比为 100 时需要的曝光量 $H_0 = 2.6^2\text{mA} \cdot \text{s} \approx 6.8\text{mA} \cdot \text{s}$；规格化信噪比为 140 需要的曝光量 $H = 3.8^2\text{mA} \cdot \text{s} \approx 14.4\text{mA} \cdot \text{s}$。为实现检测图像规格化信噪比达到 140，则前面确定的基本曝光量必须提高为

$$E_1 = E_0 \frac{H}{H_0} = 30\text{mA} \cdot \text{s} \times \frac{14.4}{6.8} \approx 63.5\text{mA} \cdot \text{s}$$

6）实际透照曝光量——从焦距考虑。实际透照焦距为 630mm，曝光曲线焦距为 1000mm，按平方反比定律修正

$$E = E_1 \times \frac{630^2}{1000^2} = 25.2\text{mA} \cdot \text{s} \approx 25\text{mA} \cdot \text{s}$$

即实际透照应采用的曝光量近似为 25mA · s。

说明：实际工作中应依据此值将从选用的管电流确定的曝光时间按检测系统控制软件的帧速设置，转换为一幅检测图像的帧速和叠加帧数（积分时间）。例如管电流 8mA、帧速 195ms、叠加 16 帧等。这里题目条件中未给出可能的帧速，这部分可不进行。

7）一次检测区长度。由于采用的是源在中心的周向透照方式，透照厚度比为 1，故一次区长度将由射线机一次照射范围和探测器工作区限定。

射线机一次区长度（考虑辐射均匀性，取半照射角 15°）：$630\text{mm} \times \tan 15° \times 2 = 337\text{mm}$。

即，本问题一次区长度将由探测器工作区决定。取一次检验区长度为 180mm。

对应的圆心（照射）角为：$\alpha = 2 \times \tan^{-1}(90/630) \approx 16.26°$

一圈焊缝需要的透照次数：$N = (360°/16.26°)$次 $= 22.14$ 次 ≈ 23 次。

8）图像观察与评定。本问题为普通电弧熔焊缺陷检验，无特殊性要求。可规定为通用工艺规程。

9）检测图像质量指标。采用 1 级补偿；丝型像质计：W13（标准原要求 W12）；双丝型像质计：D7（标准原要求 D8）。将这些数据汇集，填入工艺卡，则可完成工艺卡编制。

本问题的处理中，特殊的是关于探测器位置确定与曝光量确定过程。这里的处理给出的是一般思路。

【例2】 对例1，仅改变为采用 CR 技术成像检测，在 200kV 左右透照电压范围，所用 IP 板固有不清晰度为 0.26mm，检测要求不允许使用补偿规则。

本问题的处理中，特殊的是关于探测器位置确定与 IP 板潜在图像读出的扫描点数据，其他部分与例 1 相同或相似。下面简单介绍具体处理。

（1）透照方式 应同样选用源在中心的周向透照方式。

（2）透照电压与基本曝光量（省略给出） 设对给定 IP 板的曝光曲线焦距为 700mm，规格化信噪比为 70，从该曝光曲线查出的透照电压为 180kV，曝光量为 10mA·min。

（3）探测器位置 由于在 200kV 左右透照电压范围所用 IP 板的固有不清晰度为 0.26mm，比检测图像要求的不清晰度 0.32mm 小得较多。此外，当不采用放大时，在选用的透照方式下，工件外表面处的几何不清晰度为

$$U_g = \frac{\phi T}{f} = \frac{3 \times 12}{588} mm = 0.0612 mm$$

远小于 IP 板固有不清晰度。不放大时，图像不清晰度按公式（ASTM E2033-2017 标准）

$$U_{im} = \frac{1}{M} \sqrt{\left[\phi(M-1) \right]^3 + U_{IP}^3}$$

计算结果为：内表面为 0.2559mm，外表面则近似为 0.26mm（实际为 0.2611mm）。

基于上述数据，不采用放大透照方式。即 IP 板可紧贴工件外表面放置。

（4）检测图像规格化信噪比 因检测图像规格化信噪比需要在热影响区测定，用最低值乘以因子 1.4，得到 98，取为 100。

（5）基本曝光量修正——从图像规格化信噪比考虑（省略给出） 设从 IP 板规格化信噪比曲线查到规格化信噪比 100 与规格化信噪比 70 需要的曝光量之比为 2.25。为使检测图像规格化信噪比达到 100，则前面确定的基本曝光量必须提高为

$$E_1 = E_0 \frac{H}{H_0} = 10 \times 2.25 mA \cdot s \approx 22.5 mA \cdot min$$

（6）实际透照曝光量——从焦距考虑 因曝光曲线的焦距为 700mm，采用透照方式的焦距近似为 600mm，实际需要的曝光量为

$$E = E_1 \times \frac{600^2}{700^2} = 22.5 \times \frac{6^2}{7^2} mA \cdot s \approx 16.5 mA \cdot min$$

（7）图像数字化参数：扫描读出参数——本例特殊点 IP 板扫描读出器有一系列参数，多数参数应遵守出厂规定（保证读出性能）的设置（不进行改动），对于工艺卡编制实际需要规定的仅是扫描点尺寸（采样间隔）：

$$P_S \leq \frac{1}{4} U_{im}$$

本工艺卡，扫描点尺寸应满足

$$P_S \leq 0.32 mm/4 = 0.080 mm$$

可能时，可设置为

$$P_S \leq \frac{1}{4} U_{IP} = 0.26 mm/4 = 0.065 mm$$

（8）一次检测区长度 射线机一次透照长度（考虑辐射均匀性，取半照射角 15°）：

630mm × tan15° × 2 = 337mm

可取一次区长度为 300mm。一圈焊缝需要的透照次数

$$N = \frac{2\pi \times 600}{300} 次 = 12.5 次 \approx 13 次。$$

(9) 检测图像质量指标　丝型像质计：W12；双丝型像质计：D8。根据以上确定的数据，可编写出检验工艺卡。

说明：教师还应依据考核采用的数字射线检测技术标准做出具体讲解。

复 习 题

一、选择题（将唯一正确答案的序号填在括号内）

1. 对于一项检测工作，下面列出的构成数字射线检测技术系统处于基础地位的方面中，正确的是（　　）

A. 探测器系统选择　　　　　　　　B. 透照技术控制

C. 图像数字化技术　　　　　　　　D. 图像显示与观察技术

2. 对于构成数字射线检测技术系统，下面关于探测器系统选择的叙述中，错误的是（　　）

A. 选择的基本依据是检测图像质量

B. 选择的基本要求之一是探测器的基本空间分辨力

C. 选择的基本要求之一是探测器的 A/D 转换位数

D. 规格化信噪比与剂量平方根关系曲线是选择需要的基本数据曲线

3. 下列对于数字射线检测透照技术控制的叙述中，错误的是（　　）

A. 选择透照方式的基本原则是有利于缺陷的检出

B. 选择透照方向必须考虑要求检测缺陷的延伸特点

C. 确定一次透照区主要依据曝光曲线

D. 曝光曲线的基本要求之一是检测图像的规格化信噪比值

4. 下面有关最佳放大倍数的叙述中，错误的是（　　）

A. 存在最佳放大倍数　　　　　　　B. 采用最佳放大倍数时检测图像不清晰度最小

C. 最佳放大倍数与源尺寸相关　　　D. 最佳放大倍数与探测器无关

5. 对于直接数字化射线检测技术，下面给出的图像数字化过程控制因素中，正确的是（　　）

A. 辐射探测器的像素尺寸　　　　　B. 射线源焦点尺寸

C. 透照布置放大倍数　　　　　　　D. 散射线防护措施

6. 对于间接数字化射线检测技术，为能给出不清晰度符合要求的数字射线检测图像，下面列出的控制要求中，错误的是（　　）

A. 控制辐射探测器性能　　　　　　B. 控制后续图像数字化参数

C. 控制透照与后续图像数字化的间隔　D. 控制后续图像数字化装置性能

7. 下面给出的关于图像显示控制的叙述中，错误的是（　　）

A. 控制要求基于人眼的视觉特性　　B. 必须控制图像显示的视场亮度

C. 必须控制图像显示屏幕尺寸　　　D. 必须控制图像观察室条件

8. 在显示与观察检测图像时，下面列出具有对比度增强作用的图像处理中，正确的是（　　）

A. 设置关注区　　　　　　　　　　B. 窗宽窗位调整

C. 滤波处理　　　　　　　　　　　D. 反相处理

9. 下面在检测图像上进行细节尺寸测量的叙述中，错误的是（　　　）

A. 可通过电子标尺完成测量　　　　B. 测量实际是确定细节所占有的像素数

C. 测量需要标定像素尺寸　　　　　D. 电子标尺测量方法可以给出准确尺寸

10. 对于数字射线检测图像的缺陷影像的缺陷性质判断，下面列出的应作为基本判断方面中，错误的是（　　　）

A. 影像的几何形状　　　　　　　　B. 影像的灰度分布

C. 影像的尺寸大小　　　　　　　　D. 影像的位置

11. 下面列出的控制数字射线检测图像质量要求中，错误的是（　　　）

A. 常规像质计测定的是检测图像对比度

B. 双丝型像质计测定的是检测图像不清晰度

C. 检测图像不清晰度可通过主要技术参数实现控制

D. 需要同时控制检测图像的对比度和不清晰度

12. 下面列出的关于数字射线检测图像质量补偿规则的叙述中，正确的是（　　　）

A. 补偿规则全面补偿了检测图像质量

B. 在 ISO 标准中规定了三级补偿处理

C. 应用补偿规则时需要考虑工件的缺陷特点

D. 应用补偿规则时需要考虑工件的技术条件

二、判断题（判断下列叙述是正确的或错误的判断，正确的划○，错误的划×）

1. 探测器系统选择主要是针对通常条件下采用的检测技术，确定所选择探测器系统的基本空间分辨力和规格化信噪比。（　　　）

2. 所选择的探测器系统，对它的规格化信噪比与剂量（曝光量平方根）关系曲线的基本要求，是其饱和值应等于或超过检测图像规定的规格化信噪比的值。（　　　）

3. 探测器系统选择是构成满足一定检测要求的数字射线检测技术系统的基础。也就是说，若探测器系统性能不能满足检测要求，后续的检测技术控制不能获得符合检测要求的检测图像。（　　　）

4. 对于数字射线检测技术，获得的检测图像空间分辨力，与检测时透照布置采用的放大倍数相关。（　　　）

5. 当射线源的焦点尺寸很小时，即使对于一般的数字射线检测技术系统，由于可采用的最佳放大倍数很大，检测图像也可达到很高的空间分辨力。（　　　）

6. 制作曝光曲线时，设定的规格化信噪比通常都应适当小于检测图像的要求值。（　　　）

7. 控制图像数字化采样间隔（像素尺寸）的基本依据，是检测图像的不清晰度要求。（　　　）

8. 对于间接数字化射线检测技术，在正确控制了图像数字化的采样间隔（像素尺寸）后，就可以获得不清晰度符合要求的检测图像。（　　　）

9. 采用电子标尺测量检测图像中的缺陷尺寸时，可以不进行电子标尺标定。（　　　）

10. 常用的数字图像增强处理方法可分为对比度增强、图像锐化、图像平滑三类。简单地说，它们主要是选择性地加强图像的某些信息、抑制另一些信息，改善图像质量。（　　）

11. 对于各种缺陷，检测图像的空间分辨力不会影响缺陷的质量级别评定结果。（　　）

12. 采用补偿规则给出的图像质量与原要求检测图像质量相同。（　　）

三、计算题

1. 采用 IP 板探测器系统构成的数字射线检测技术系统进行检测，要求检测图像不清晰度不大于 0.32mm，若 IP 板性能满足要求，求可采用的 IP 板图像读出扫描点尺寸最大值。

2. 某个用分立辐射探测器构成的数字射线检测技术系统，若辐射探测器的像素尺寸为 200μm，射线源焦点尺寸为 0.4mm，求可采用的最佳放大倍数。

3. 若辐射探测器的像素尺寸为 200μm，射线源焦点尺寸为 0.6mm，求在最佳放大倍数时检测图像不清晰度。

4. 采用分立辐射探测器构成的数字射线检测技术系统进行检测，要求检测图像不清晰度不大于 0.32mm，若射线源焦点尺寸为 0.4mm，透照布置放大倍数为 1.2，求可采用的探测器像素尺寸最大值。

四、问答题

1. 简述数字射线检测技术的基本组成环节。

2. 简述数字射线检测技术系统的构成。

3. 简述如何选择探测器系统。

4. 简述如何控制图像数字化技术。

5. 简述制作数字射线检测技术曝光曲线的基本过程。

6. 简述使用曝光曲线确定主要透照参数的过程。

7. 简述图像观察中如何进行窗宽窗位调整。

8. 简述编制数字射线检测技术工艺卡的基本过程。

第5章　工业常用数字射线检测系统

说明： 本章对 II 级人员应完成的实验是：

实验9　DDA 数字射线检测系统使用

实验10　CR 数字射线检测系统使用

实验的具体内容见第7章。实验是操作性实习实验，需要学员自己全面完成。实验可分小组进行。

5.1　概述

一般地说，数字射线检测系统主要包括：射线源、探测器系统、图像显示与处理单元、机械驱动装置系统（需要时）。对于一定的检测工作，显然必须采用满足一定性能要求的数字射线检测系统。

射线源的能量直接关系到检测系统适用的材料与厚度范围。探测器（系统）的性能直接关系到检测系统获得的检测图像质量。图像显示与处理单元包括显示器、存储器、计算机和软件。图像显示器、计算机硬件和软件的性能直接影响检测图像的显示和图像调整质量。

软件必须具有数字射线检测技术需要的基本功能，这些功能可分为采集、显示（包括处理与测量）、存储等方面，它们至少应可实现下列功能项目。

1）采集图像：应能设置帧速，按帧、帧叠加或帧平均从探测器（系统）采集图像。

2）显示图像：应能设置关注区（目标区、局部开窗），进行窗宽窗位调整（亮度对比度调整），具有统计窗功能（如可完成关注区像素灰度平均值和标准差测量），绘制关注区灰度分布曲线，可对图像裁剪缩放，可进行滤波处理，可自动测定细节（局部）图像尺寸、面积等。

3）存储图像：应能按照要求的文件格式存储检测图像。

4）对于 DDA 系统，软件还必须包括探测器响应校正和坏像素修正等功能。

这些是检测系统正常工作必需的功能要求。

目前工业应用的数字射线检测系统主要是采用分立辐射探测器阵列（DDA）构成的直接数字化射线检测系统、采用 IP 板系统构成的间接数字化射线检测系统、采用图像增强器系统构成的间接数字化射线检测系统、采用微焦点（数微米或亚微米级）射线源构成的数字射线检测系统和采用底片数字化扫描装置完成底片图像数字化的后数字化射线检测系统。

实际上，如果将射线胶片视为探测器、暗室处理视为胶片图像读出系统、底片图像数字化扫描装置视为胶片读出后图像的数字化装置，则可以把胶片射线照相检测技术与底片图像数字化扫描装置组成的整体也列为一种间接数字化射线检测系统，或单独称为"后数字化射线检测系统"，前面有关间接数字化射线检测技术的基本理论可以应用于这种"后数字化射线检测系统"。

选择适宜检测工作的数字射线检测系统时，必须考虑数字射线检测系统的射线源的能量与焦点尺寸、探测器系统性能、图像显示与处理单元（包括计算机）的硬件和软件性能。对于动态检测方式，则还应考虑机械驱动装置的性能。

5.2 DR 系统

5.2.1 DR 系统组成

DR 系统，即采用分立辐射探测器（DDA）的直接数字化射线检测系统，可分为两类：一类是面阵探测器数字射线检测系统，另一类是线阵探测器数字射线检测系统。

1. 面阵探测器数字射线检测系统

面阵探测器直接数字化射线检测系统的基本组成部分是：射线源、面阵探测器、图像显示与处理单元。图 5-1 是面阵探测器直接数字化射线检测系统示意图。

面阵探测器常用的是非晶硅面阵探测器、CMOS 面阵探测器或非晶硒面阵探测器。探测器完成对射线的探测与转换，同时完成图像数字化，直接获得数字检测图像。常用的面阵探测器像素尺寸为 $200\mu m$、$150\mu m$、$100\mu m$ 等，也有其他像素尺寸的探测器。A/D 转换位数一般都可达到 12bit、14bit 或 16bit。显然，更小的像素尺寸、更高的 A/D 转换位数可以构成性能更好的数字射线检测系统。

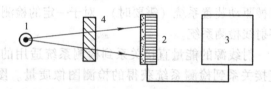

图 5-1 面阵探测器直接数字化射线检测系统示意图
1—射线源 2—面阵射线探测器
3—图像显示与处理单元 4—工件

面阵探测器直接数字化射线检测系统应用时，通常都采用静态检测方式获取检测信号。如果配备适当的机械装置和软件，这类系统也可以采用动态方式完成检测。

2. 线阵探测器数字射线检测系统

线阵探测器直接数字化射线检测系统的组成部分包括：射线源、线阵探测器、机械装置、图像显示与处理单元。图 5-2 是线阵探测器直接数字化射线检测系统示意图。

线阵探测器常用的是非晶硅、CMOS 或 CCD 分立辐射探测器，探测器完成射线的探测、转换，同时完成图像数字化。典型的像素尺寸有 $84\mu m$、$127\mu m$ 等，其 A/D 转换位数一般都可达到 12bit、14bit 或 16bit。

线阵探测器每次采集的仅是图像的一行数据，只能通过扫描方式完成一个部位检测图像采集。因此这种系统必须有机械装置。一般是射线源与探测器处于固定的

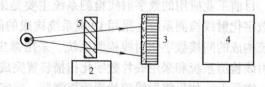

图 5-2 线阵探测器直接数字化射线检测系统示意图
1—射线源 2—机械装置 3—线阵射线探测器
4—图像显示与处理部分 5—工件

静止状态，机械装置驱动工件运动，完成检验部位的图像采集。因此机械装置的运动构成了垂直于探测器方向的采样间隔。机械装置必须能够适宜固定工件，能以一定精度、平稳地完成平移或旋转运动。显然，采用线阵探测器构成的系统，只能以动态检测方式获取检测图像。关于动态检测方式的技术控制可参考本书附录 D。

线阵探测器的像素尺寸常小于面阵探测器的像素尺寸，另外，线阵探测器直接数字化射线检测技术容易采用准直缝，这能够有效地限制散射线，使图像质量得到改善。但它要求所配置的机械扫描装置必须具有满足要求的性能。

在实际检测系统中，一般把射线源控制部分、机械装置控制部分和图像显示与处理部分组合在一起，附加上一些辅助设备（如摄像机、监视器等）的控制和显示设备构成控制台，管理和操纵检测系统和检测操作。

5.2.2 DR 系统技术控制(∗)

DDA 数字射线检测技术构成的核心是选择 DDA，它决定了检测系统的基本性能，决定了图像数字化过程，这可按照第 4 章基本技术的讨论处理。下面讨论技术控制的其他方面。

1. 透照参数

对于分立探测器阵列（DDA）数字射线检测系统，透照参数控制不同于其他检测系统的主要方面是关于透照电压（射线能量）。简单地说，选取的透照电压通常可大于一般标准的限定值，这时仍可得到满足要求的检测图像质量。

提高透照电压可明显增加射线强度，这样，因曝光量增加使信噪比提高，从而使对比度提高，可以补偿（或超过）因射线能量提高（线衰减系数减小）导致的对比度降低。此外，提高透照电压不会明显改变 DDA 固有不清晰度。显然，透照电压提高的程度必须控制在补偿有效的范围内。

曝光量常采用管电流与帧速、叠加帧数表示。可采用的最高曝光量决定于探测器的性能和探测器响应校正程序。

2. 最佳放大倍数

当采用的射线源焦点尺寸较小、探测器像素尺寸较大时，透照布置将存在可采用的最佳放大倍数。例如，射线源焦点尺寸为 0.4mm，探测器像素尺寸为 200μm，则理论上最佳放大倍数为 2。采用最佳放大倍数透照，检测图像可获得小于探测器像素尺寸决定的检测图像不清晰度，检测图像的细节分辨和识别都会得到改善。

由于 X 射线机的焦点尺寸是以规范化的数值给出，并不一定是实际准确的数值，确定最佳放大倍数常需要围绕理论计算值通过试验确定。此外，当最佳放大倍数与 1 偏离较小时则无实际意义。真正需要考虑最佳放大倍数仅是在使用微焦点或小焦点射线源的情况。

3. 检测系统稳定性控制

DDA 的性能随着使用会发生改变，会出现新的坏像素，这些都可导致检测系统技术性能发生改变。为保证获得正确、质量稳定的检测图像，必须注意检测系统的稳定性控制。表 5-1 列出了 DDA 性能定期核查的基本要求，其中关键的是定期核查探测器的基本空间分辨力和信噪比。

表 5-1 DDA 系统的性能稳定性试验项目

系统性能试验		基本数据试验	系统改变试验			定期核查试验	
参数	单位		软件升级	X 线管更换	DDA 改变/修理	短时间	长时间
基本空间分辨力	μm	○		○	○	○	○
信噪比		○	○	○	○	○	○
对比度灵敏度	%	○	○	○	○	○	○
坏像素分布		○	○	○	○	○	○

关于基本空间分辨力核查，可依据一般标准的规定采用双丝型像质计测定。关于信噪比核查，可通过测定信噪比与曝光量平方根关系曲线进行。一般地说，至少每六个月应核查一次像素变化与损坏导致的基本空间分辨力与信噪比变化情况。

对于某项检测工作，核查还应包括对比度灵敏度。核查试验所使用的技术参数（射线、透照等）程序等，应是用于工件检测的参数和程序。核查主要是与检测初始的基本数据比较，与检测工作的规定要求比较。这些应编写成书面文件，执行它们应能保证可以稳定地给出所要求的检测结果和质量级别。定期性能核查试验的周期，应考虑系统使用情况与检测工作特点。

特殊性能核查试验可参考相关标准或制造厂推荐的方法。

*4. 关于透照电压控制的进一步说明

对于 DDA 检测系统，透照电压适当超过一般标准限定值上限仍可得到符合检测技术级别规定的检测图像质量，对此可如下理解。

1）在一定范围内提高透照电压不会改变探测器固有不清晰度，因此可认为检测图像不清晰度不发生改变，不会带来不清晰度增大产生的对缺陷图像的影响。

2）在一定范围内提高透照电压，按照下面的对比度灵敏度理论关系式

$$CS = \left(-\frac{1+n}{\mu T} \right) \frac{CNR_{GBV}}{SNR} \times 100$$

一方面射线能量提高引起的线衰减系数减小将导致对比度灵敏度降低，另一方面射线能量提高可明显增加射线强度，这样，因曝光量增加使信噪比提高，又可使对比度灵敏度提高。透照电压在一定范围内提高时，可使信噪比提高导致的对比度灵敏度提高大于线衰减系数减小导致的对比度灵敏度降低。

3）依据识别缺陷需要的对比度噪声比的理论关系式

$$CNR = \frac{\Delta S}{\sigma} = C \times SNR$$

提高透照电压导致的对比度降低和信噪比提高，在一定范围内信噪比提高可以更大，综合结果可使识别缺陷需要的对比度噪声比得到增大，从而不损害缺陷的可识别性。

5.2.3 探测器响应校正与坏像素修正(*)

DDA 数字射线检测技术控制的一个特殊方面是探测器响应校正与坏像素修正。

1. 探测器响应校正概念

探测器响应校正是 DDA 检测系统使用不同于其他检测系统的一个基本方面。

DDA 的各个探测单元（像元或像素）性能不可能完全一致，本底噪声可能不同，增益性能可能不同。这种各个探测单元性能差异导致对于同一输入信号各个探测单元可给出不同的输出信号，使得 DDA 几乎无法正常用于检测。由于对各个探测单元可以准确测定其数据，因此可通过软件修改各个探测单元的响应，这称为探测器响应校正。通过探测器响应校正，使探测器各个探测单元在无信号输入时输出为零，在一定限度内对输入检测信号做出相同的响应。前者一般称为偏置校正（日常也称为暗校正），后者称为增益校正（日常也称为亮校正）。图 5-3 显示了校正前后探测器响应情况。

响应校正是 DDA 探测器获得高信噪比的关键技术措施。检测系统软件必须包括探测器响应校正程序。

一般地说，一次响应校正仅适用于某种材料、一定能量范围内（某个厚度范围）的检测工作。即仅适用于所设定响应校正条件的一定范围检测，更大范围检测需要另外响应校正。

a) 校正前　　　　　　　b) 校正后

图 5-3　DDA 探测器校正前和校正后的图像

*2. DDA 响应校正说明

分立辐射探测器（DDA）是由多个独立探测单元矩阵构成的探测器。各个单元的本底噪声可能不同，不同单元对射线的响应特性可能不同。也就是说，由于分立辐射探测器本身结构的不均匀特性，可以形成噪声信号，这称为结构噪声。如果不校正这种结构不均匀性，DDA 很难完成正确的检测。

DDA 的响应校正包括对探测器各单元响应的增益校正和本底噪声的偏置校正。图 5-4 显示了探测器响应校正的基本过程（以 3 个像素为例）。图 5-4a 是探测器各单元未响应校正前的响应情况，可见对同一输入信号探测器各单元可给出不同的输出（存在不同的本底噪声）；图 5-4b 显示的是采用适当点数据，用软件确定探测器各单元的响应曲线斜率（增益），使其在主要工作区成为线性响应；图 5-4c 显示的是增益校正，采用探测器各单元的响应曲线斜率（增益）的平均值作为统一的增益值，使探测器各单元响应曲线斜率都转换为统一的增益值；图 5-4d 显示的是在增益校正后又进行了偏置校正，即探测器各单元对获得的像素值减去一个（对应本底噪声）的特定像素值（曲线截距），使探测器各单元在无输入信号时响应均为零。

3. DDA 响应校正方法

DDA 的响应校正主要是对于设定的响应校正条件，选择执行响应校正窗口（按软件提示），在关闭射线机状态下采集规定帧数图像，在开启射线机状态下采集规定帧数图像，响

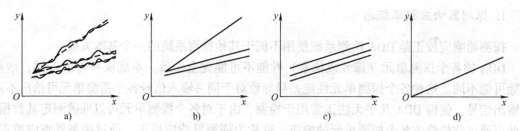

图 5-4 探测器响应校正的基本过程

应校正软件利用这些数据,自动完成所设定的响应校正条件下的偏置校正和增益校正。

实际检测中的探测器响应校正(偏置校正和增益校正)应按探测器制造厂规定的方法和步骤进行。即采用探测器制造厂提供的软件和规定的程序进行。

不同厂家的响应校正程序不同,给出的响应校正结果会存在差异。实际响应校正程序主要可分为单点响应校正和多点响应校正。单点响应校正是采用探测器输出信号一个点的数据进行响应校正,多点响应校正是采用探测器输出信号多个点(常为4点)的数据进行响应校正。多点响应校正比单点响应校正可获得更高的规格化信噪比。

4. 坏像素修正

使用分立辐射探测器(DDA)还应进行坏像素修正。

探测器的坏像素是指性能超出规范要求的像素单元,显然它们不能正确地给出检测图像信号(可能给出伪信号)。为获得正确的检测结果,必须消除它们的影响,这就需要利用软件进行坏像素修正,使它们能够给出正确的响应。

在探测器中,原来就可能存在不符合探测器技术条件的坏像素单元(它们被限定在规定范围),随着使用可能出现新的坏像素单元,因此需要定期进行坏像素修正。

坏像素修正应采用 DDA 制造厂提供的软件和规定的程序进行。

5.2.4 DR 系统应用特点

DDA 数字射线检测系统应用的主要特点是可获得具有很高对比度的检测图像。如果探测器像素尺寸较小,也可获得较高的空间分辨力。

与目前的各种射线检测技术比较,采用 DDA 构成的数字射线检测系统获得的检测图像的信噪比,可远高于其他射线检测技术获得的检测图像信噪比(需要注意的是,这是在DDA 适当响应校正前提下)。

由于检测图像信噪比直接与检测图像对比度灵敏度相关,因此 DDA 数字射线检测系统的检测图像可获得远高于其他射线检测系统的对比度灵敏度。

有研究给出,在检验孤立性缺陷方面,DDA 数字射线检测系统的检测图像,具有高于其他射线检测系统的检测能力。图 5-5 是该研究给出的厚度 8mm 钢采用 160kV 透照,DDA (200μm 像素尺寸)数字射线检测系统获得的检测图像(经高通滤波)的丝型像质计灵敏度和采用 C1 类胶片射线照相获得的检测图像的丝型像质计灵敏度。DDA 检测图像可识别 W19 (0.050mm)直径金属丝,而 C1 类胶片检测图像只能识别 W16 ~ W17 (0.100 ~ 0.084mm)直径金属丝。

产生上面结果的主要原因在于 DDA 检测图像具有很高的信噪比，从而可得到很高的对比度灵敏度。需要注意的是，这时检测图像对检验对象（金属丝直径）按像素尺寸做了放大。例如，图中 W19（0.050mm）直径丝，其显示的尺寸也是像素尺寸 200μm 的宽度。另外，需要明确的是高对比度不等于高空间分辨力，它们是检测图像质量的不同方面。当需要准确测定细节尺寸时，必须考虑空间分辨力。

a) DDA(200μm)

b) C1类胶片

图 5-5　丝型像质计灵敏度比较

5.3　CR 系统

采用 IP 板系统构成的间接数字化射线检测系统，简称为 CR 系统，由四部分组成：射线源、IP 板、IP 板图像读出器（IP 板图像扫描读出器）、图像显示与处理单元。IP 板一般可重复使用数千次。

5.3.1　CR 系统检测基本过程

检测基本过程可分为三步（图 5-6）：透照、图像读出、评定。

1）透照：采用 IP 板作为探测器放置在工件后方，接收透照工件的射线信息，完成射线的探测与转换，在 IP 板中形成准稳态、潜在的检测信号图像。

2）图像读出：透照后采用 IP 图像读出器扫描读出 IP 板上的检测信号图像，完成图像数字化，得到数字射线检测图像。

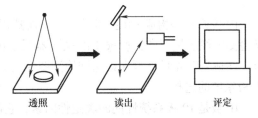

透照　　　　读出　　　　评定

图 5-6　CR 技术检测过程示意图

3）评定：在图像显示与处理单元，对得到的数字射线检测图像进行显示、适当处理，观察与识别检测图像信息，做出工件质量评定。

为重新使用 IP 板，在完成图像读出后，需要采用适当光强照射 IP 板，擦除 IP 板上仍存在的部分潜在射线图像，这样 IP 板可再次用于记录射线图像。

图像读出是检测技术的一个特殊环节。在 IP 板中所形成的潜在检测图像，需要采用 IP 板图像读出器进行扫描读出，才能给出可见的数字射线检测图像。

有不同类型的 IP 板图像读出器，图 5-7 是一种 IP 板图像读出器外形。各种 IP 板图像读出器的主要功能部分可概括为激光束飞点产生部分、IP 板驱动部分、光信号收集部分和图像数字化部分。在扫描读出器读出软件控制下，它们完成 IP 板图像信号的读出和数字化。

IP 板图像扫描读出的基本过程是：读出器驱动部分驱动 IP 板，激光束飞点产生部分输出波长 630nm 的激光束（点），按照软件程序设定的扫描点尺寸（像素尺寸、步进间距）、扫描速度（扫描点停留时间）等扫描 IP 板。在扫描过程中，630nm 的激光激发 IP 板发射波长为 390nm 左右的荧光。产生的荧光经光导收集送入光电倍增器，经光电转换、放大，形成模拟电信号，再经 A/D 转换形成数字射线检测图像信号，完成图像读出。得到的数字射线检测图像，直接传送给图像显示与处理单元。图 5-8 给出了 IP 板图像读出完成的基本过程。

图 5-7　IP 板图像读出器外形

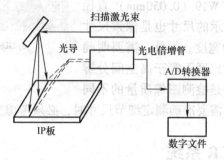

图 5-8　IP 板扫描读出基本过程

　　扫描读出时，设置的扫描参数、A/D 转换位数、扫描器的驱动性能、激光束的功率与稳定性等直接影响获得的数字射线检测图像的空间分辨力、对比度、信噪比。

5.3.2　CR 系统技术控制

　　关于 CR 系统技术控制，主要是 IP 板系统选用、透照技术、图像数字化技术。

1. IP 板系统选用

　　IP 板系统是构成 CR 技术的基础，所选用的系统必须满足检测的要求。选用的基本依据是检测图像质量要求，所选用的探测器系统的基本空间分辨力应符合检测图像不清晰度要求，在适当曝光量下可保证达到检测图像的规格化信噪比要求。需要注意的是，这里一定是 IP 板系统的选择。

　　IP 板是 IP 板系统性能的决定性因素，它决定了探测器系统可达到的空间分辨力和信噪比，选择时首先应考虑 IP 板的性能。同时也必须考虑 IP 板图像读出器的性能，特别是可设置的激光束扫描点尺寸（步间距）、扫描速度等。图 5-9 显示的是同一球孔试板，在同样透照参数下不同 IP 板系统获得的检测图像，可见存在明显差异。

2. 透照技术

　　对于 CR 系统的透照技术控制，应注意的是关于透照电压、曝光量和散射防护。

　　透照电压选取应遵守一般标准限定值规定，倾向于选取较低透照电压获取较高对比度。当采用高空间分辨力 IP 板时（荧光物质颗粒细小），由于其固有不清晰度随透照电压变化较小，可以适当提高限定的透照电压。

　　关于曝光量，一般应依据测定的 IP 板系统的规格化信噪比与曝光量平方根关系曲线确定。正确控制曝光量（管电流与时间的积），保证检测图像应达到的规格化信噪比。可采用的最大曝光量决定于 IP 板系统特性。

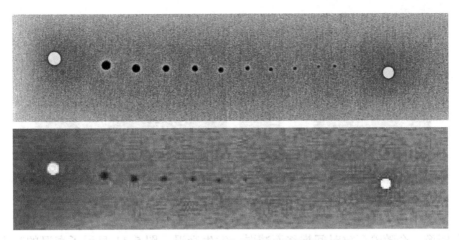

图 5-9　不同 IP 板系统的球孔检测图像比较

　　关于散射线防护，透照技术需要注意的一个问题是背散射防护措施。由于 IP 板的敏感层（氟卤化钡）对射线照射铅产生的特征辐射敏感，因此当透照电压较高时，不能在 IP 板暗袋后直接用铅板防护背景散射。一般是在 IP 板暗袋与防护背散射铅板间插放 0.5mm 厚的铜或钢薄片。为减少曝光量，可以使用前铅增感屏，但不应使用后铅增感屏。

　　3. 图像数字化技术控制

　　检测图像数字化由 IP 板图像读出过程完成。检测图像数字化技术控制，主要是控制 IP 板图像扫描读出时采用的扫描点尺寸和在另一方向 IP 板的相对运动步进间距。实际还涉及扫描速度（激光点移动速度）、激光束强度、光电倍增管的增益等，但它们可预先以扫描点调定。扫描点尺寸决定了图像数字化的采样间隔（像素尺寸）。

　　按照第 4 章的讨论，IP 板图像读出过程的图像数字化，可认为是 CR 技术的第二次图像数字化过程，这时必须考虑采样定理的影响，故一般应要求扫描点尺寸满足

$$P \leqslant \frac{1}{4} U_{\mathrm{im}}$$

式中　U_{im}——检测图像的不清晰度；

　　　　P——扫描点尺寸。

　　这时如果仍未达到检测图像的不清晰度，则说明所采用的 IP 板性能不符合要求，无论如何选择扫描点尺寸都不能实现检测图像的不清晰度。当然，这种处理也存在损失 IP 板信息的可能，即 IP 板实际达到了更高的空间分辨力（需要设置更小的扫描点）。

　　扫描点尺寸和其他相关参数对读出的检测图像具有重要影响，也就是对得到的缺陷细节具有重要影响。图 5-10 显示的同一铸造裂纹，用同一 IP 板、同样透照参数、同一扫描读出器读出的检测图像，扫描点尺寸分别为 $100\mu m$ 和 $50\mu m$，显然裂纹细节图像存在差异。对于 CR 技术，必须正确控制图像数字化过程。

　　4. 读出时间间隔控制

　　IP 板图像读出需要注意的另一问题是时间间隔。透照后在 IP 板上以准稳态储存的潜在

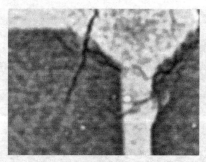 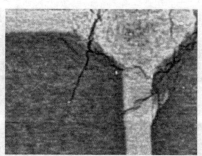

a) 扫描点尺寸100μm　　　　　　　　　b) 扫描点尺寸50μm

图5-10　铸造裂纹不同扫描点尺寸读出图像

射线照射图像，会随着存放时间推移而减弱，发生衰退，图5-11显示了衰退的基本规律。因此需要控制透照与读出之间的时间间隔。由于潜在图像的衰退与温度相关（图5-12，一种类似荧光物质的试验曲线），当环境温度高于40℃时，必须注意温度可能产生的影响。

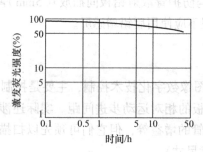 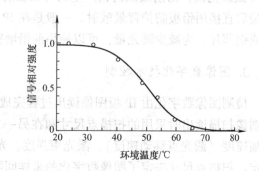

图5-11　IP板的衰退特性　　　　　　图5-12　IP板的图像衰退与环境温度关系

5. IP板图像擦除

CR技术的IP板可重复使用，重复使用前必须采用一定强度光照射擦除IP板上存留的潜在图像（读出过程一般并不能将全部潜在图像信号都激发）。若擦除不足，可导致在后续透照获得的图像中出现明显的残影。图5-13显示的就是擦除不足出现的残影。因此必须保证擦除过程能够有效擦除潜在图像。

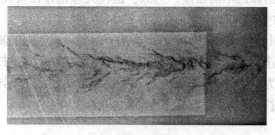 

a) 残影形成重叠背景区　　　　　　　　b) 残影形成重叠图像

图5-13　IP板擦除不足出现的残影

5.3.3 CR系统应用

1. 主要特点

由于IP板本身的结构噪声限制，很难获得高信噪比，但对于性能好的IP板可以达到较高的空间分辨力。此外，IP板动态范围大（不小于10000∶1），因此与胶片射线照相技术比较具有很大的厚度宽容度，图5-14显示了这个特点，显然它可同时显示更多厚度图像。

a) RT图像　　　　　　　b) CR图像

图5-14　CR技术与RT技术的厚度宽容度比较

2. IP板系统性能的变化

CR技术的IP板在制造过程中就可能存在缺陷，例如，荧光物质中混入杂质颗粒，它们显然不能构成潜在图像，在读出的图像上会显示为白点，如图5-15所示。使用中荧光层受到操作过程等的损坏，也会产生类似问题。

图5-15　IP板荧光物质中杂质颗粒或损坏的IP板的读出图像

IP板的性能随使用时间延续会发生老化。即同样射线照射剂量、同样读出条件下给出的图像信号降低、不均匀等。CR技术的IP板图像读出器也会随使用时间的延续出现性能降低、改变的情况。例如激光束强度改变、激光点尺寸改变、机械驱动部分性能改变等。图5-16读出图像的条纹性不均匀应是IP板读出器性能老化的表现。

图5-16　IP板读出器性能老化
对读出图像的影响

3. IP板系统性能定期核查

IP板系统性能随使用时间的延续发生的老化，包括IP板本身性能改变、IP板图像读出装置性能的改变，这会严重影响检测图像质量。图5-17显示了因IP板系统性能老化造成的检测图像质量降低的情况。因此必须定期核查IP板系统性能，保证检测图像质量的稳定、可靠。

对于IP板构成的CR数字射线检测系统，表5-2概括了该核查的基本方面和项目。日常可通过对 IP 板系统基本空间分辨力和信噪比的核查，对 IP 板性能的核查，对 IP 板系统性能的变化做出初步判断。严格的性能核查应采用图 5-18 所示的 CR 技术的 IP 板系统组合质量指示器按相关标准的规定进行。

　　关于基本空间分辨力的核查，可依据一般标准的规定采用双丝型像质计测定。关于信噪比核查，可通过测定信噪比与曝光量平方根关系曲线进行。

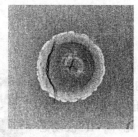 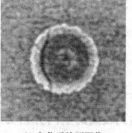

a) 初始阶段检测图像　　　　b) 老化后检测图像

图 5-17　IP 板系统性能老化对检测图像的影响

表 5-2　CR 系统性能核查方面与项目

核查方面	项　目	评定性能
基本性能	基本空间分辨力	系统空间分辨力的稳定性
	规格化信噪比	系统信噪比的稳定性
扫描读出装置性能	驱动性能	扫描输送系统运动稳定性
	激光束性能	激光扫描束稳定性
	光电转换性能	读出装置光电转换特性的稳定性
IP 板性能	衰退特性	确定曝光与读出间隔时间的改变
	擦除特性	擦除后残留图像程度
	人为缺陷	IP 板人为产生的缺陷

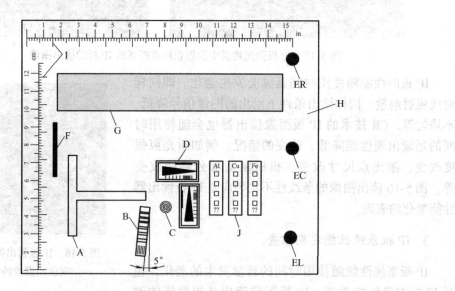

图 5-18　CR 技术的 IP 板系统组合质量指示器

A—T 靶（材料为黄铜）　B—标准化的双丝型像质计　C—BAM 铅箔条蜗形盘

D—楔形线对卡　ER, EC, EL—三个直径为 19mm、深度 0.3mm 的孔　F—盒位指示器

G—厚度 0.5mm 铝条　H—有机玻璃板　I—线性刻度尺　J—Al、Cu、Fe 对比度灵敏度指示器

对于 IP 板性能的核查主要是擦除性能、图像衰退性能、人为缺陷。擦除性能要求残留的图像强度应小于转换为线性化强度（灰度）图像最大强度的 1%。应依据这个要求，确定擦除设备和擦除时间。当无 IP 板系统的数据或超出推荐的温度条件下使用 IP 板系统时，应进行 IP 板图像衰退测定试验，设定的曝光与扫描读出时间间隔内，应保证 IP 板图像衰退程度小于 50%。此外，对 IP 板应特别注意可能出现的人为缺陷。

一般每个月应核查一次 IP 板系统性能的变化。

对于某项检测工作，核查还应包括对比度灵敏度。试验所使用的技术参数（射线、透照等）程序等，应是用于工件检测的技术和程序。核查主要是与检测初始的基本数据比较，与检验工作的规定要求比较。这些应编写成书面文件，执行它们应能保证可以稳定地给出所要求的检测结果和质量级别。定期性能核查试验的周期应考虑系统使用情况与检测工作特点。

*5.4 图像增强器数字射线检测系统

1. 图像增强器检测系统组成

采用图像增强器构成的间接数字化射线检测系统的基本组成部分包括：射线源、图像增强器系统（日常一般简单称为图像增强器）、机械装置、图像显示与处理单元。图 5-19 是图像增强器检测系统组成示意图。

实际系统常可分为两大部分，一部分是检验机构，包括射线源、图像增强器（系统）、机械装置等；另一部分是控制台，包括图像显示与处理单元（计算机、软件）、操作控制装置、辅助监控装置等。

这类系统在检测的同时可获得数字化的检测图像。可以采用静态

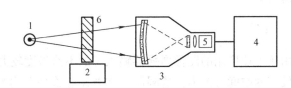

图 5-19 图像增强器检测系统组成示意图

1—射线源 2—机械装置 3—图像增强器 4—图像显示与处理部分
5—视频摄像系统 6—工件

方式获得检测图像，也可以在动态下近实时地获得检测图像。即在机械装置的驱动下，完成工件被检部位的改变，随着工件的运动，获得不同检测部位的图像。

2. 数字射线检测图像形成过程

透过工件的射线信号由图像增强器输入转换屏的闪烁体转换为可见光；发射的可见光被输入转换屏的光电阴极层吸收，转换为电子发射；发射的电子被聚焦电压加速，高速入射到输出屏上，在输出屏上转换为可见光，形成射线检测模拟图像。图像增强器输出屏上给出的可见光图像，需要经过光学系统耦合、图像拾取系统拾取和后续的 A/D 转换，才能给出数字化检测图像。

3. 数字射线检测图像的空间分辨力

应用中的图像增强器与光学系统、图像拾取系统及 A/D 转换部分结合在一起，因此选

定了图像增强器系统，就决定了其图像数字化技术，也就决定了其数字射线检测图像可实现的最高空间分辨力。

得到的数字射线检测图像的空间分辨力将受到两方面因素的影响。一是在形成可见光图像过程中，输入屏不清晰度的影响。二是图像拾取系统的数字化采样过程的影响（也就是它的像素尺寸的影响）。

目前工业应用的图像增强器输入屏的不清晰度较大，是影响图像增强器系统空间分辨力（不清晰度）的主要因素。由于光学系统具有很高的空间分辨力［例如，物镜中心在 50Lp/mm 的空间频率时其 MTF（调制传递函数）值不低于 50%，目镜中心在 60Lp/mm 的空间频率时其 MTF 值不低于 50%］，因此它不会降低图像增强器获得图像的空间分辨力。原来的图像增强器采用视频摄像系统拾取输出屏图像，若视频摄像系统的空间分辨力低，则可能降低图像增强器获得图像的空间分辨力。现在的图像增强器采用 CCD 成像系统拾取，由于其像素尺寸很小（微米级），不会影响检测图像的空间分辨力。

也即，可认为图像增强器输入屏不清晰度为图像增强器系统的固有不清晰度。它成为控制图像增强器系统空间分辨力（不清晰度）的主要因素。较好系统的空间分辨力为 3.5Lp/mm 左右，对应的检测图像不清晰度为 0.3mm 左右（像素尺寸 150μm 左右）；一般系统的空间分辨力为 2Lp/mm 左右，对应的检测图像不清晰度为 0.5mm 左右（像素尺寸 250μm 左右）；较差系统的空间分辨力为 1.4Lp/mm 左右，对应的检测图像不清晰度为 0.7mm 左右（像素尺寸 350μm 左右）。应用中，它们还会受到透照射线能量的影响而进一步降低。

4. 应用

由于工业应用的图像增强器输入屏的不清晰度较大，对于常规焦点的射线源，系统很难达到较高的空间分辨力，这限制了在要求较高空间分辨力的缺陷检验方面的应用。图 5-20 显示的是对一铸造缺陷（偏析）的检测图像与胶片射线照相检测图像的对比，可见两者存在明显差异。

为了获得高空间分辨力，主要的技术途径是采用小（微）焦点射线源、性能好的图像增强器、适当的放大倍数。另外，应用中重要的是严格控制散射线。如果采用微焦点射线源和很高的放大倍数，也可以获得很高的空间分辨力。

但这不影响它在不要求较高空间分辨力的缺陷检测方面的应用，例如轮胎质量的在线检测。考虑到图像增强器的寿命特点，其适宜应用的技术应是在线的连续检测，这时应注意的是检测速度设计，必须考虑图像增强器输出屏转换的时间响应特性，主要是其衰退具有毫秒级的响应惰性。

a）图像增强器检测图像　　　　b）胶片照相检测图像

图 5-20　铸造缺陷（偏析）检测图像对比

**5.5　微焦点数字射线检测系统

1. 系统概述

一种特殊的数字化射线检测技术是采用微焦点射线机与辐射探测器构成的实时成像检测系统。系统的基本组成部分包括：射线源、机械装置、辐射探测器、图像显示与处理单元、辐射防护室。系统一般集成为两个单元，一个单元是控制柜，它包括了射线机控制部分、机械装置控制部分和图像显示与处理部分，管理和操纵检测系统和检测操作。另一单元是检测室，在一个较大的箱式辐射防护室中，设置微焦点射线机、机械装置、辐射探测器。在软件控制下，系统可在静态或动态下进行检测，获得数字射线检测图像。

系统的辐射探测器主要采用图像增强器或面阵分立辐射探测器。

微焦点 X 射线机焦点尺寸常为 2μm、5μm、10μm 等，管电压一般为 160kV，也有的管电压可达到 300kV，管电流很小（一般不超过 200μA）。由于焦点尺寸很小，可以采用高达数百以上的放大倍数，从而获得很高的空间分辨力。

这种系统也可以构成 CT 技术系统，获得重建的层析检测图像。其主要应用于电子工业检测电子元器件、集成电路、印制电路板等，对它们内部结构或质量做出判断。例如，检测焊点虚焊缺陷。

下面讨论以平板探测器作为辐射探测器构成的微焦点系统的一些问题。

2. 数字射线检测图像的空间分辨力

按前面章节的讨论，获得的检测图像不清晰度为

$$U_{im} = \frac{1}{M}\sqrt{[\phi(M-1)]^2 + (2P_e)^2}$$

或

$$U_{im} = \frac{1}{M}\sqrt[3]{[\phi(M-1)]^3 + (2P_e)^3}$$

在实际应用中常近似取 $P_e \approx P$，因此检测图像不清晰度又可写为

$$U_{im} = \frac{1}{M}\sqrt{[\phi(M-1)]^2 + (2P)^2}$$

或

$$U_{im} = \frac{1}{M}\sqrt[3]{[\phi(M-1)]^3 + (2P)^3}$$

从这些关系式可以认为，对微焦点系统，当放大倍数较大时，检测图像可以达到很高的空间分辨力。例如，X 射线机焦点尺寸为 2μm，采用像素尺寸为 127μm 的平板探测器作为辐射探测器，如果放大倍数取为 100，即 $M=100$，检测图像的不清晰度为 $U_{im,100} = 0.0029mm$（用三次方不清晰度关系式），对应的检测图像空间分辨力空间频率线对值为 $R_{im,100} = 345Lp/mm$。检测系统的最佳放大倍数则为

$$M_0 = 1 + \left(\frac{U_D}{\phi}\right)^{3/2} = 1 + \left(\frac{254}{2}\right)^{3/2} = 1432$$

在最佳放大倍数时，计算可得到检测图像的不清晰度和空间频率分别为 $U_{im,0} = 0.0020mm$，$R_{im,0} = 500Lp/mm$。

实际上，对于采用较大的放大倍数情况，很小的细节成像中尺寸放大较大，探测器像素尺寸（数字化采样间隔）都会满足采样定理的要求。因此数字化采样过程不再构成检测图像空间分辨力的限制因素。这样，很细小的细节都可以有效成像，图5-21显示了不同放大倍数下细小细节成像的情况（见图像左下方冷隔缺陷细线）。

a) 放大倍数33　　　　　　　b) 放大倍数65　　　　　　　c) 放大倍数100

图5-21　放大倍数对细小细节成像的影响

当放大倍数很大时，可以近似有 $M \approx M-1$，若达到 $M\phi >> 2P$，将有 $U_{im} \approx \phi$，即当微焦点系统采用很大的放大倍数，其检测图像可实现的最高空间分辨力将由焦点尺寸决定。这与以最佳放大倍数计算的结果相同。

3. 检测图像可分辨的细节最小尺寸

按第3章的讨论，检测图像可分辨的细节最小尺寸的一般关系是 $D \geq U_{im}$，也就是有 $D_{min} = U_{im}$。这样，如果检测系统采用很大的放大倍数，将有 $D_{min} \approx \phi$。这些关系式可估计微焦点射线检测系统可分辨的细节尺寸。

例如，采用焦点尺寸为 $2\mu m$ 的射线源和像素尺寸为 $127\mu m$ 的平板探测器构成检测系统，若采用的放大倍数为52，检测图像可分辨细节尺寸如下计算。

记：$\phi = 2\mu m$，$P_e = P = 127\mu m$，$M = 52$，D 为可分辨细节尺寸，则有

$$D \geq U_{im} = \frac{\sqrt[3]{[\phi(M-1)]^3 + (2P)^3}}{M}$$

求得 $D_{min} \approx 5\mu m$；如果采用的放大倍数为500，计算值为 $D_{min} = 0.0020mm$。显然，这就是前面给出的放大倍数很大时，焦点尺寸决定检测图像空间分辨力的结果。

**5.6 底片图像数字化扫描技术

**5.6.1 扫描仪概述

采用图像扫描仪将底片图像数字化，获得射线检测的数字图像，称为后数字化射线检测技术。在这个过程中完成的是以一定的扫描孔径，将射线照相底片图像的信息进行采样、量化，转换为数字图像信息。

扫描仪按结构与扫描方式可分为三类：手持式扫描仪、平板式扫描仪、滚筒式（鼓式）

扫描仪。图 5-22 是平板式扫描仪的外形样式。图 5-23 是一种滚筒式扫描仪的外形样式。扫描仪的内部结构主要是两部分，即机械传动机构和光电系统。

图 5-22　平板式扫描仪外形样式　　　　图 5-23　滚筒式扫描仪外形样式

扫描基本过程是，光源发出的光在图像上透射，经光学系统成像到感光器件上，转换为电信号，送到 A/D 转换器，转换为二进制数字信号，得到数字图像。扫描过程由软件控制。

对于底片图像数字化扫描技术，最适用的是专为底片图像扫描设计的滚筒式扫描仪，某些平板式扫描仪，也可用于黑度不大于 2.0 底片图像的数字化扫描。

**5.6.2　扫描仪的基本性能指标

扫描仪的基本性能主要是分辨率、可扫黑度范围、位深度等。一般扫描仪器和专业底片图像数字化扫描仪要求的性能项目不完全相同，项目名称也不完全相同。对于底片图像数字化扫描，关心的是扫描仪与底片信息保留和可扫描底片黑度的一些性能。表 5-3 是我国关于一般平板式扫描仪通用规范标准和欧洲关于底片图像数字化扫描仪标准关于主要性能规定内容的对比。

表 5-3　扫描仪基本性能两个标准规定的对比

扫描仪器性能项目意义	GB/T 18788—2008		EN 14096-2：2003	
	名称	单位	名称	单位
读取图像细节信息能力	分辨率	dpi	MTF，20% 的最大值	Lp/mm
像素识别黑度的能力	色彩（位）深度	bit	数字分辨力	bit
可记录黑度范围	动态范围	(D)	黑度范围	(D)
可分辨的黑度最小改变量	—	—	黑度对比度灵敏度	D

按照欧洲标准 EN 14096-2 的规定，对于底片图像数字化扫描仪，最关心的主要性能指标应是空间分辨力、黑度范围、黑度对比度灵敏度、数字分辨力。

空间分辨力（率）表示的是扫描仪读取图像细节信息的能力，决定了扫描仪的空间扫描精度。空间分辨力的值越高，扫描仪读取图像细节信息的能力越强。扫描时可在扫描仪给出的空间分辨力范围内设定。

一般扫描仪表示空间分辨力用"分辨率"这个术语，常用单位是：dpi（dot per-inch），意义是每英寸的像素点数（1in≈25.4mm），它决定了构成扫描得到图像的像素尺寸。在欧洲标准中，则采用空间频率线对值（Lp/mm）或扫描点尺寸表示（称为像素尺寸），两者的关系见表 5-4。

表5-4　空间分辨力与扫描像素尺寸对应关系

分辨率/dpi	100	127	200	254	300	508	600	800	1200
像素尺寸/μm	254	200	127	100	85	50	42	32	21

　　一般扫描仪的空间分辨力应包括水平分辨率和垂直分辨率。水平分辨力由扫描仪的感光器件阵列（例如CCD）决定，即由感光器件阵列每英寸的单元数目决定。垂直分辨力又被称为"机械分辨力"，它由步进电动机每英寸所行走的步数决定。

　　对于一般扫描仪，当扫描仪以"600×1200"方式表示分辨力时，其表示的是扫描仪的"水平分辨力×垂直分辨力"。其中的"600"表示该扫描仪感光器件阵列每英寸的单元数目为600，"1200"表示的是步进电动机每英寸所行走的步数为1200。由于计算机要求传送给它的图像具有相同的水平分辨力和垂直分辨力，因此两者中的小者决定了实际的分辨力。

　　设定了扫描分辨力，也就决定了扫描获得图像的（点数）大小。

　　欧洲标准规定，底片图像数字化扫描仪的空间分辨力可用线对卡测定。即在设定的扫描参数下扫描线对卡的灰度图像，在得到的扫描图像中，从可看见全长且均被暗线分开的亮线处确定获得的扫描图像的最高空间分辨力。

　　黑度对比度灵敏度是指扫描仪可分辨的底片最小黑度改变值。黑度范围是扫描仪在保证黑度对比度灵敏度时，可扫描的最小黑度到最大黑度范围。这个指标依赖于扫描仪的结构、照明能力、感光元器件的探测时间。对于给出的最小黑度到最大黑度范围，允许它分为几个段。这两个指标都采用黑度，有时在数字后标出"D"，但通常在数字后都不标出。

　　图5-24显示的是某扫描仪器在同样的分辨力下对不同黑度底片（同一缺陷试件）扫描的结果。底片黑度为2.0时扫描图像与底片图像基本相同，当底片黑度为2.9时扫描图像与底片图像存在明显差别，而底片黑度为3.4时扫描图像仅模糊给出主要缺陷区的大致轮廓。它清楚给出了扫描仪器黑度范围性能的意义。因此应尽量选用扫描黑度范围大的扫描仪。目前，性能优良的扫描仪的黑度范围较大，可满足黑度为4.0底片影像的扫描。

a) 底片黑度：2.0　　　　　b) 底片黑度：2.9　　　　　c) 底片黑度：3.4

图5-24　扫描仪器黑度范围对扫描结果的影响

　　数字分辨力是以"位"数（bit）给出的，表示扫描仪的像素可以给出的最多灰度级数（对于彩色，则是可以给出的最多颜色数——色彩深度）。我国也常称它为"位深度"。数字分辨力主要反映的是扫描仪A/D转换器可达到的精度。数字分辨力越高，扫描仪区分灰度级别的能力越强。

　　从扫描仪的工作和使用角度，还关心其他一些性能，如接口与软件、扫描尺寸、扫描速度、扫描模式等。

**5.6.3 扫描技术

采用扫描仪扫描图像操作的基本过程主要是：运行扫描图像程序、扫描参数设置、扫描等。需要注意的是，这些过程的操作，不同的扫描仪存在差异，应依据扫描仪的规定进行。

在图像扫描中，设置空间分辨力是决定扫描获得的图像质量的基本参数，它直接关系到可获得的细节。图 5-25 是采用不同分辨力扫描同一焊接接头裂纹缺陷得到图像，空间分辨力为 100dpi 的裂纹图像模糊，空间分辨力为 300dpi 的裂纹图像比较清晰，它们的特点清楚地显示了空间分辨力对细节图像的影响。

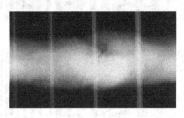 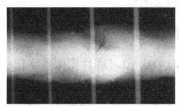

a) 分辨力为100dpi的图像   b) 分辨力为300dpi的图像

图 5-25 不同分辨力扫描图像的比较

设置扫描分辨力的一个基本依据，是保证扫描获得图像的不清晰度达到底片图像的不清晰度。底片图像数字化的扫描过程，理论上可认为是以扫描点（像素）尺寸为采样间隔的数字化过程。记底片图像不清晰度为 U_F，底片图像数字化的扫描点尺寸为 P_S，按照采样定理，扫描点尺寸决定（对应）的空间频率必须不小于底片图像最高空间频率的 2 倍。由于

$$f_S = \frac{1}{2P_S} \qquad f_F = \frac{1}{U_F}$$

因此扫描点尺寸应满足的条件是

$$\frac{1}{2P_S} \geq 2\frac{1}{U_F}$$

即

$$P_S \leq \frac{1}{4}U_F$$

或者

$$\frac{1}{4P_S} \geq R_F$$

式中 R_F——不清晰度 U_F 对应的线对值（Lp/mm）。

该扫描点尺寸对应的以 dpi 为单位的扫描分辨力则为

$$R_S = \frac{25.4}{P_S}$$

例如，底片图像不清晰度 $U_F = 0.33mm$，扫描点尺寸应 $P_S \leq 0.083mm$，则有

$$R_S \geq \frac{25.4}{0.083}dpi = 306.0dpi \approx 300dpi$$

这样，可从射线照相标准规定的底片图像不清晰度要求，得到底片图像数字化时图像空间分辨力应达到的相应要求。

图 5-26 是采用不同扫描分辨力扫描线对卡图像试验的部分结果。经验指出，对于通常的铸造缺陷与电弧熔焊接头的缺陷，一般以 300dpi 分辨力扫描可以获得满意图像，当涉及裂纹性缺陷时，应以 600dpi 或更高分辨力扫描图像，对细小裂纹性缺陷（例如电阻点焊的熔核内细小裂纹、搅拌摩擦焊的细线状弱结合等），常应以 1200dpi 分辨力扫描，才能获得满意图像。

a) 扫描分辨力为100dpi

b) 扫描分辨力为300dpi

c) 扫描分辨力为600dpi

图 5-26　不同扫描分辨率的线对卡图像

**5.6.4 扫描仪选用

欧洲标准 EN 14096-2《底片图像数字化扫描仪最低要求》按照四个性能指标：黑度范围、黑度对比度灵敏度、数字分辨力、MTF（调制传递函数）20% 的最大空间频率值，将扫描仪分为三个质量级别：DS、DB、DA，并规定了它们的最低性能要求，见表 5-5 和表 5-6。同时规定，底片图像数字化扫描仪应以"质量级别"和"MTF20%的最大空间频率值"方式标识它的性能。例如，一个质量级别为"DS"和 MTF20% 的最大空间频率值为"4.2Lp/mm"的扫描仪，则应标识为"DS4.2"。

表 5-5　底片图像数字化扫描仪质量分级与最低要求

扫描仪级别	DS	DB	DA
黑度范围（D_R）	0.5~4.5	0.5~4.0	0.5~3.5
黑度灵敏度（ΔD_{CR}）	≤0.02	≤0.02	≤0.02
数字分辨力/bit	≥12	≥10	≥10
适用性	底片数字图像存储，即数字图像作为档案	底片图像数字化分析，原始底片作为档案	底片图像数字化分析，原始底片作为档案

表 5-6　底片图像数字化扫描仪分级的空间分辨力要求①

射线能量	DS		DB		DA	
	像素尺寸/μm	MTF 20%值/(Lp/mm)	像素尺寸/μm	MTF 20%值/(Lp/mm)	像素尺寸/μm	MTF 20%值/(Lp/mm)
≤100 keV	15	16.7	50	5	70	3.6
>100~200 keV	30	8.3	70	3.6	85	3
>200~450，Se-75，Yb-169	60	4.2	85	3	100	2.5
Ir-192	100	2.5	125	2	150	1.7
Co-60，>1MeV	200	1.25	250	1	250	1

① 如果射线能量不大于 70keV，底片空间分辨力可高于 16.7Lp/mm，扫描仪分辨力应适应底片分辨力，或者应用原始底片作为档案。

标准规定应按底片得到时的射线能量、工件厚度、采用的射线照相级别来选用底片图像数字化扫描仪，见表5-7。这可作为底片图像数字化扫描选用扫描仪的基本依据。按照这些规定，可以判断不同质量级别应用的情况。例如：

表5-7　底片图像数字化扫描仪选用[①]

工件厚度（钢/mm）	DS	DB	DA
< 5	B 级技术	A 级技术	—
≥5	B 级技术	B 级技术	A 级技术

① 对要求检测裂纹或细小缺陷的情况，应选用 DB、DS 级别底片图像数字化扫描仪。

标识质量级别为"DS4.2"的扫描仪，可用于采用 200keV 以上能量的 X 射线和 γ 射线采用各技术级别得到的射线底片的数字化扫描。

标识质量级别为"DB3.6"的扫描仪，可用于采用 100keV 以上能量的 X 射线和 γ 射线得到的射线底片的数字化扫描，对钢工件厚度小于5mm 时，只能用于 A 级技术底片数字化扫描，对钢工件厚度不小于 5mm 时，可用于 A 级技术或 B 级技术底片数字化扫描。

应注意的是，标准规定，所说的射线照相技术级别（A 级或 B 级）是指标准 ISO 5579、EN 444、EN 1435、EN 12681 规定的技术级别。

复 习 题

一、选择题（将唯一正确答案的序号填在括号内）

1. 对于线阵 DDA 系统获得的射线检测图像不清晰度，下列能够产生影响的方面中，错误的是（　　）

A. 射线源焦点尺寸　　　　　　　　B. 探测器系统

C. 机械驱动装置系统　　　　　　　D. 图像显示与处理单元特性

2. 关于 DDA 的响应校正，下列必须进行校正的原因中，正确的是（　　）

A. 探测器各个单元的尺寸可能不同

B. 探测器各个单元的本底噪声、增益性能可能不同

C. 探测器各个单元的结构存在差异

D. 探测器的坏像素分布不规律

3. 对于分立辐射探测器数字射线检测系统，关于其探测器响应校正，下列叙述中，错误的是（　　）

A. 正确进行检测过程必须进行探测器响应校正

B. 通过响应校正使探测器各探测单元具有相同的响应特性

C. 响应校正包括增益校正和偏置校正

D. 一次响应校正后可用于一系列工件的检测

4. 对于分立辐射探测器数字射线检测系统，下面列出它的特点中，错误的是（　　）

A. 对射线能量控制可以放松　　　　B. 可以获得更高对比度的检测图像

C. 可以获得更高空间分辨力的检测图像　　　D. 探测器可达到更高信噪比

5. 下面关于 CR 技术的叙述中，错误的是（　　）

A. 检测过程的基本过程是透照、读出与评定

B. 在透照过程中，IP 板上形成潜在的射线检测图像

C. 透照后必须立即进行 IP 板图像读出

D. 读出后，经过擦除 IP 板可以重新用于透照

6. 对于 CR 技术 IP 板图像扫描读出器，下面列出的图像扫描读出使用的光束中，正确的是（　　　）

A. 激光束　　　　　　B. 电子束　　　　　　C. 荧光束　　　　　　D. 紫外线束

7. 对于 CR 技术，下面列出的影响其检测图像空间分辨力基本因素中，错误的是（　　　）

A. 采用的 IP 板性能　　　　　　　　　B. IP 板图像读出的扫描点尺寸

C. IP 板透照的曝光量　　　　　　　　D. IP 板图像读出装置的性能

8. 下面关于 DDA 数字射线检测系统与 CR 系统比较的叙述中，错误的是（　　　）

A. DDA 系统可获得更高对比度　　　　　B. DDA 系统可获得更高空间分辨力

C. DDA 系统可获得更高信噪比　　　　　D. DDA 系统图像数字化过程简单

二、判断题（判断下列叙述是正确的或错误的，正确的划〇，错误的划×）

1. 对于某项检测工作选择数字射线检测系统时，必须考虑射线源的能量与焦点尺寸、探测器系统基本性能。　　　　　　　　　　　　　　　　　　　　　　　　　　（　　　）

2. 探测器系统性能是数字射线检测系统获得要求的检测图像质量的基础。　（　　　）

3. 采用线阵探测器构成的数字射线检测系统，获得的检测图像的空间分辨力，不受检测系统机械扫描装置性能影响。　　　　　　　　　　　　　　　　　　　　　　（　　　）

4. 对 DDA 探测器，当检测对象、检测条件改变时，应重新进行探测器响应校正。

　　　　　　　　　　　　　　　　　　　　　　　　　　　　　　　　　　　（　　　）

5. 对于分立辐射探测器射线检测系统，良好的探测器响应校正是保证获得高信噪比检测图像的重要措施。　　　　　　　　　　　　　　　　　　　　　　　　　　（　　　）

6. 由 DDA 构成的数字射线检测系统，其检测图像可获得远高于其他检测系统的对比度灵敏度和空间分辨力。　　　　　　　　　　　　　　　　　　　　　　　　　（　　　）

7. CR 系统的图像读出，是检测技术的一个特殊环节，在读出软件控制下它完成 IP 板图像信号的读出和数字化。　　　　　　　　　　　　　　　　　　　　　　　　（　　　）

8. 对 CR 技术，透照时在 IP 板暗袋后必须直接用铅板防护背景散射线。　（　　　）

9. 对于 CR 技术，检测图像空间分辨力的决定性因素是 IP 板本身的特性，读出时选用更小的扫描点尺寸不会获得超过 IP 板特性决定的检测图像空间分辨力。　　（　　　）

10. 随着使用时间延续，IP 板除可能产生损坏外，其本身性能也会发生退化。　（　　　）

三、问答

1. 对某项检测工作，简述如何选择数字射线检测系统。

2. 简述采用分立辐射探测器数字射线检测系统时，透照参数控制的主要特点。

3. 简述采用分立辐射探测器数字射线检测系统获得的检测图像的特点。

4. 简述 CR 数字射线检测系统检测的基本过程。

5. 简述 CR 数字射线检测系统控制图像数字化的过程。

6. 简单比较 DDA 检测系统、CR 系统获得的检测图像的特点。

第6章 等价性问题

说明：本章对Ⅱ级人员学习的主要要求是：
1）了解等价性问题研究的内容。
2）了解等价技术级别评定的基本考虑和处理过程（不要求具体处理）。

6.1 等价性问题概述

"等价性问题"讨论的是数字射线检测技术与常规胶片射线照相检测技术是否具有同等缺陷检测能力的问题。所称的具有"同等缺陷检测能力"的意义，至少应包括在检测图像上正确地显示缺陷的基本形貌、尺寸、分布，依据这些显示结果，可以给出正确的缺陷性质与质量级别评定结论。

数字射线检测技术与常规胶片射线照相检测技术比较，基本的不同是采用了辐射探测器代替胶片完成射线信号的探测和转换，采用了图像数字化技术获得数字检测图像。这使检测技术出现了新的过程，使检测图像具有了新的特点，对技术控制产生了新的要求。

成像过程可以概括为成像系统（包括成像设备、器材和技术）对输入做出响应给出输出的过程。也就是说，物空间被观察对象作为成像系统的激励信号，成像系统对激励信号响应，在像空间输出图像。图6-1给出

图6-1 成像基本过程的示意图

了成像基本过程的示意图。不同成像系统，由于设备、器材和技术等的差异，使成像过程特点不同，成像系统具有不同特性，对输入信号产生不同的响应，导致输出图像质量不同。这样，从成像过程的基本理论考虑，数字射线检测技术与常规胶片射线照相检测技术构成的是不同成像系统，因此理论上自然就存在不同成像系统是否具有同等成像质量的问题，也就是等价性问题。

实际经验也证明，数字射线检测技术获得的检测图像与常规胶片射线照相检测技术获得的检测图像并不是各方面都相同，图6-2是中颗粒胶片（AA400）与DDA（200μm像素尺寸）对点焊裂纹与铸铝针孔的检测图像，它显示了不同射线检测技术系统获得检测图像的差异情况。

上面情况说明，数字射线检测技术与常规胶片射线照相检测技术肯定存在是否具有同等缺陷检测能力的问题。这是总的或一般层次的等价性问题。

对于工业射线检测技术，需要解决的实际等价性问题主要是：数字射线检测技术标准替代胶片射线照相检测技术标准问题；数字射线检测技术系统可替代胶片射线照相检测技术的（厚度）范围问题。它们的核心问题实际都是讨论数字射线检测技术级别与胶片射线照相检测技术级别的同等缺陷检测能力问题。因此可简单称为"等价技术级别问题"。

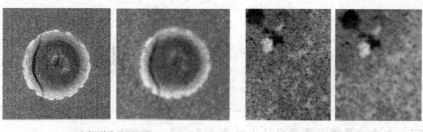

a) 点焊裂纹检测图像　　　　　　　　b) 铸铝针孔检测图像

图6-2　不同射线检测技术系统的缺陷检测图像比较（左：AA400 胶片，右：DDA－200μm）

"等价技术级别问题"就是讨论同样的数字射线检测技术级别与胶片射线照相检测技术级别是否具有同等缺陷检测能力问题。实际上不同的数字射线检测技术系统具有不同的缺陷检测能力（图6-3）。等价技术级别问题实际是解决何种数字射线检测技术系统可替代何种胶片射线照相检测技术系统问题。

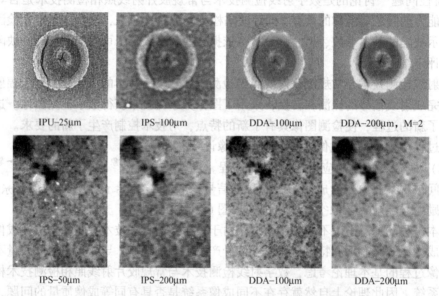

IPU–25μm　　　IPS–100μm　　　DDA–100μm　　　DDA–200μm，M=2

IPS–50μm　　　IPS–200μm　　　DDA–100μm　　　DDA–200μm

图6-3　不同数字射线检测技术系统的缺陷检测图像

显然，等价性问题是数字射线检测技术应用必须解决的基本问题之一。

一般性讨论等价性问题需要采用成像过程理论处理，本章主要讨论等价技术级别评定问题，简要介绍从成像过程理论处理等价性问题方法。

6.2　等价技术级别评定

6.2.1　等价技术级别评定概述

等价技术级别评定可从射线检测技术对缺陷的检测出发。

射线检测技术对缺陷的检测，依靠的是获得的检测图像所给出的信息。此外，还与检测图像的显示条件、检测人员识别检测图像信息的能力和经验相关。从客观角度考虑，可认为射线检测技术对缺陷的检测能力决定于获得的检测图像质量。

对于等价技术级别问题，可简单从检测图像进行判断。如果数字射线检测技术级别的检测图像质量达到胶片射线照相检测技术级别的检测图像质量，则可认为二者的技术级别具有同等缺陷检测能力。即，认为二者技术级别等价。按此考虑，处理等价技术级别问题主要是比较二者获得的检测图像质量的指标。

数字射线检测图像质量的三个基本参数为对比度、不清晰度（空间分辨力）、信噪比。这样，等价技术级别问题转变为，评定数字射线检测技术级别的检测图像质量的这三个指标是否达到了胶片射线照相检测技术级别规定的检测图像质量指标。

*6.2.2 胶片射线照相检测技术的检测图像质量指标分析

为评定某技术级别下数字射线检测图像质量是否达到胶片射线检测图像质量，必须确定出该技术级别下的胶片射线检测图像质量指标。在胶片射线照相检测技术标准中，关于底片图像质量明确规定的要求是常规像质计测定值和底片黑度，但未明确规定不清晰度和信噪比。常规像质计测定值一般认为是对比度指标，因此评定时主要需要确定出的是检测技术标准关于底片图像质量的不清晰度和信噪比指标。

1. 关于检测图像质量的不清晰度指标控制分析

尽管在胶片射线照相检测技术标准中并未明确规定检测图像质量的不清晰度指标，但从射线检测技术基本理论容易看到，实际上胶片射线照相检测技术标准是通过技术因素的限定实现对该指标的限定。

检测图像质量不清晰度的理论关系式为

$$U^2 = U_g^2 + U_i^2$$

或

$$U^3 = U_g^3 + U_i^3$$

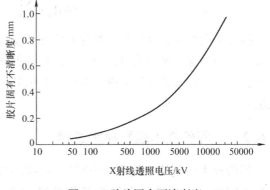

图6-4 胶片固有不清晰度

实验指出，胶片固有不清晰度 U_i 简单地由射线能量决定，如图6-4所示。而关于几何不清晰度，标准是通过对源到工件表面最小距离做出了限定。目前标准的一般限定形式可写为

$$f/d \geqslant kb^{2/3}$$

从该关系式容易转换出关于几何不清晰度的限定式

$$U_g = \frac{1}{k} b^{1/3}$$

式中 b——工件厚度；

k——按技术级别设定的常数，一般有 A 级技术为 7.5，B 级技术为 15。

这就是说，标准通过限定允许的最高透照射线能量限定了胶片固有不清晰度，通过限定射线源与工件表面的最小距离限定了几何不清晰度，这样也就限定了检测图像总的不清晰度指标。

因此可以简单地从胶片射线照相检测技术标准的相关规定，给出各级别检测图像质量的不清晰度值。

2. 关于检测图像质量的信噪比指标控制分析

在 EN 584-1：2006 标准中，对胶片射线照相检测技术定义"信噪比"为底片黑度与该黑度下的颗粒度之比。它相关于梯度与噪声的比。从该定义可认为，在胶片射线照相检测技术标准中，实际是通过选用规定技术级别的胶片和底片黑度范围对检测图像的信噪比指标做出了限定。有的研究给出，假设信号与曝光剂量近似成比例时（线性转换），可按梯度数据计算信噪比，关系式为

$$SNR = \frac{G_2/\sigma_D}{\ln 10} \tag{6-1}$$

类似于数字射线检测技术的探测器基本空间分辨力概念，可认为胶片的固有不清晰度决定了胶片（作为射线探测器）的基本空间分辨力。这样，对胶片射线照相检测的底片图像可同样引入图像质量的规格化信噪比关系式

$$SNR_N = \frac{88.6}{SR_b}SNR$$

注意到数字射线检测技术的探测器基本空间分辨力概念和规格化（归一化，标准化）信噪比概念，注意到关于胶片颗粒度测定要求相关标准的重要规定（测定扫描点为直径100μm 的圆），对于胶片射线照相技术从胶片颗粒度构成的信噪比，应有

$$SR_b = 88.6\mu m$$

这样，对于胶片射线照相检测图像质量的最低规格化信噪比简单地有

$$SNR_N = \frac{88.6}{SR_b}SNR = SNR$$

按照上面的讨论可以给出胶片射线照相检测对应于数字射线检测的检测图像质量指标。需要注意的是这样确定的值，第一，是胶片射线照相检测技术底片图像质量的最低规格化信噪比；第二，该值是对特定透照电压（220kV）下的值，实际的最低规格化信噪比可能大于此值。

*6.2.3 等价技术级别评定过程

等价技术级别评定的第一个问题——数字射线检测技术标准替代胶片射线照相检测技术标准问题，可在确定出射线照相检测技术底片图像质量指标后，通过简单的比较来完成。

等价技术级别评定的第二个问题——数字射线检测技术系统可替代胶片射线照相检测技术的（厚度）范围问题，处理的基本过程可概括为四步：确定射线照相检测技术底片图像质量指标，测定数字射线检测技术系统的基本性能，结合被检测工件的分析评定，综合评定。

1. 胶片射线照相检测图像质量指标

按上面的讨论过程确定出工件原采用胶片射线照相检测图像的质量指标。

2. 测定数字射线检测技术系统基本性能

对于给定的数字射线检测技术系统性能，一般应在适宜被检测工件的技术参数下，实际测定探测器系统的基本空间分辨力 SR_b 和规格化信噪比 SNR_N。以测定的数据，按理论分析给出数字射线检测图像质量的不清晰度和规格化信噪比指标，作为后续等价技术级别判断的依据。

3. 结合被检验工件的分析评定

在规格化信噪比指标达到要求时，对于一般工件，可认为数字射线检测图像的对比度指标也都可以达到胶片射线照相检测图像的对比度指标。这样就可做出基本的等价技术级别判断。

需要进一步结合工件分析的是，当不清晰度未达到要求时能否采用补偿规则。这时应按照被检测工件的材料、工艺（包括曾经历过的工艺）、结构特点，分析、概括工件缺陷的基本特点。从而确定缺陷的分布形貌（或形态）特点是否是质量级别评定应考虑的重要因素，要求检测的缺陷最小尺寸是否会受到不清晰度的明显影响。以便决定是否可采用补偿规则。

当采用补偿规则处理时，一般应完成数字射线检测技术系统的典型缺陷补偿规则应用验证试验。补偿规则试验应选择典型缺陷试件，按数字射线检测技术确定的透照参数透照，比较其与胶片射线照相检测技术的缺陷显示形貌或尺寸的差异，是否处于可接受（不导致错误质量级别评定）限度的情况。从此确定是否可采用相应的补偿规则、补偿应限定程度问题。

当理论分析可以给出明确的判断时，可以不进行补偿规则应用验证试验。

如果可以采用补偿规则，可按补偿规则做出等价厚度范围进一步判断。

4. 综合评定

综合上面的分析结果，确定出数字射线检测技术系统获得的检测图像满足胶片射线照相检测图像控制要求的厚度范围，从而确定出是否可采用补偿规则扩大该范围。

在综合评定中，依据具体情况在认为需要时，还应完成数字射线检测技术系统的典型厚度检测试验。典型厚度一般是厚度范围中的最小厚度、最大厚度和部分中间厚度。试验时，应采用数字射线检测技术确定的透照参数，获取数字射线检测图像，测定数字射线检测图像的常规像质计值、双丝型像质计值、规格化信噪比数据。考察在实际检测条件下数字射线检测技术系统获得的检测图像质量，验证分析评定结论可靠程度。

按照上述过程，可以对某个数字射线检测技术系统可替代胶片射线照相检测技术的检测范围做出判断。

*6.2.4 等价技术级别评定例题

下面以例题具体说明如何完成等价技术级别评定。

【例1】 检测技术标准技术级别规定的等价性评定

题目：对部分厚度钢（6～32mm），评定 ISO 17636 - 2：2013 标准的 A 级技术与 EN 1435：1997 标准的 A 级技术，是否为等价技术级别。

解：本问题主要是确定 EN 1435：1997 标准的 A 级技术对厚度（6～32mm）的底片图像质量指标，然后与 ISO 17636－2：2013 标准的相关规定比较，即可做出判断。

（1）对比度指标 常规丝型像质计指标可以直接查出，两标准完全相同。

（2）不清晰度指标 按照前面叙述，可以按下面计算式确定

$$U_g = \frac{1}{7.5} b^{1/3}$$

$$U_i = 0.00133 (V_{max})^{0.79026}$$

$$U = \sqrt{U_g^2 + U_i^2}$$

（3）规格化信噪比 按 EN1435：1997 标准关于胶片选用规定，对 A 级技术可选用 C5 类胶片，按 EN584－1 标准，其最小梯度为 3.8（黑度为 2.0 时），最大颗粒度为 0.032（黑度为 2.0 时），限定的最小 G_2/σ_D 值为 120。按定义计算的信噪比数据为

$$SNR = \frac{2.0}{\sigma_D} = 62.5 \approx 63$$

按式(6-1)计算的信噪比数据：

$$SNR = \frac{G_2/\sigma_D}{\ln 10} = \frac{120}{\ln 10} = 52.1 \approx 52$$

综合二数据，这里取 60 作为底片图像的最小规格化信噪比值。

（4）数据汇集 汇总上面关于 EN 1435：1997 标准 A 级技术检测图像数据，与 ISO 17636－2：2013 标准规定的 A 级技术检测图像数据对比。可形成表 6-1 的数据表。

表 6-1　标准 A 级技术检测图像规定比较

厚度/mm	EN 1435：1997 标准 A 级技术要求						ISO 17636－2：2013 标准 A 级		
	厚度	V_{max}	单丝 IQI	计算 U/mm	双丝 IQI	SNR_N	单丝 IQI 值	双丝 IQI 值	SNR_N
5～7	6	140	W14	0.2511	(D10)	60	W14	D9（0.26mm）	≥70
5～7	7	150	W14	0.2644	D9	60	W14	D9（0.26mm）	≥70
7～10	10	170	W13	0.2974	D9	60	W13	D9（0.26mm）	≥70
10～15	15	215	W12	0.3416	D8	60	W12	D8（0.32mm）	≥70
15～25	25	300	W11	0.4081	D7	60	W11	D8（0.32mm）	≥70
25～32	32	350	W10	0.4447	D7	60	W10	D7（0.40mm）	≥70

（5）判断 比较表中数据看到，可认为关于检测图像的三方面质量指标，ISO 17636－2：2013 标准规定的要求均达到了 EN 1435：1997 标准的要求。即达到了胶片射线照相检测技术级别的缺陷检测能力。

需要说明的是，所使用的颗粒度数据是透照电压为 220kV 的测定值，不同厚度允许采用的最高透照电压需综合考虑透照电压的改变对信噪比、规格化信噪比的影响，底片图像的实际规格化信噪比值，对小厚度段应适当提高上述值，对较大厚度段可直接采用上面的值。

【例 2】 数字射线检测系统可替代的胶片射线照相检测技术检测的厚度范围

题目：某钢电弧熔焊平板对接接头，母材厚度范围为 2～40mm，原采用 GB/T 3323—2005 标准 A 级技术检测。若采用焦点尺寸为 0.4mm 射线机与像素尺寸为 200μm 平板探测器构成的数字射线检测系统替代检测，从理论上判定可替代的厚度范围。

解： 本例题具体可通过下述步骤完成评定。

（1）平板对接接头的 GB/T 3323—2005 标准 A 级技术的底片图像质量指标　按前面的评定处理方法，GB/T 3323－2005 标准 A 级技术规定和相关关系式

$$U_g = \frac{1}{7.5} b^{1/3} \qquad U_i = 0.00133 (V_{max})^{0.79026}$$

$$U = \sqrt{U_g^2 + U_i^2}$$

最后可形成表 6-2 的数据。

表 6-2　胶片射线照相检测技术基本数据表

厚度/mm	V_{max}/kV	GB/T 3323—2005 标准 A 级规定（钢）		
		单丝 IQI 规定值	U 计算值/mm	对应双丝 IQI 值
2	110	W17	0.1766	D11
3.5	120	W16	0.2107	D10
5	135	W15	0.2368	D9
7	150	W14	0.2644	D9
10	170	W13	0.2974	D8
15	215	W12	0.3416	D8
25	300	W11	0.4081	D7
32	350	W10	0.4447	D7
40	400	W9	0.4805	D6

（2）数字射线检测图像不清晰度估计　依据数字射线检测技术理论，可对数字射线检测系统获得的检测图像不清晰度做出估计。

因探测器像素尺寸为 $200\mu m$，可近似地确定探测器的基本空间分辨力为 $SR_b = 0.2mm$，对应的不清晰度为 $U_D = 2SR_b = 0.4mm$，因此在不采用放大透照布置时有 $U_{im} \approx 0.4mm$。

当采用放大透照布置时，最佳放大倍数应为

$$M_{op} = 1 + \left(\frac{U_D}{\phi}\right)^2 = 2$$

在不同放大倍数下，检测图像不清晰度可按下式计算

$$U_{im} = \frac{1}{M} \sqrt{[\phi(M-1)]^2 + (2SR_b)^2}$$

部分计算值见表 6-3。

表 6-3　数字射线检测系统检测图像不清晰度估计

放大倍数	1.02	1.05	1.07	1.2	2	2.2
图像不清晰度/mm	0.3922	0.3814	0.3747	0.3399	0.2828	0.2840
双丝 IQI 测定值	≈D7	≈D7	≈D7	≈D8	D8～D9	D8～D9

（3）结合工件分析做出判定　工件为一般钢的电弧熔焊平板对接接头，常见的主要缺陷（气孔、夹渣等）的检测，可认为受不清晰度影响较小。原采用 A 级技术检验，可见注重的也是一般常见缺陷。因此可以采用适当的补偿规则处理检测图像质量控制。

考虑到对于 DDA，其可实现的对比度，在适当曝光量下一般都高于底片图像，因此可从上面给出的不清晰度数据做出初步判断。

1）不采用放大技术和补偿规则时，本数字射线检测系统可应用的厚度范围是 25 ~ 40mm；采用 1 级补偿时，可应用的厚度范围是 10 ~ 40mm。

2）采用最佳放大倍数、不采用补偿规则时，本数字射线检测系统可应用的厚度是 7 ~ 40mm；采用 1 级补偿时，可应用的厚度范围是 5 ~ 40mm。

3）在一般情况下，不会采用 2 级补偿，因此本数字射线检测系统不能应用于小于 5mm 的厚度。

（4）说明　由于题设数据没有数字射线检测系统探测器的规格化信噪比，因此上面的评定没有考虑底片图像的规格化信噪比。由于探测器的规格化信噪比不仅与探测器结构、性能相关，也与实际检测技术相关，因此处理实际问题时，应采用实际检测技术参数，对其中有代表性的厚度来测定检测图像的规格化信噪比数据。

对于计算的最佳放大倍数检测图像不清晰度，也应采用实验验证。

为保证评定的可靠性，应进行典型厚度的实际测定验证。

**6.3　等价性问题的理论处理方法

1. 处理的基本思路

等价性问题从本质上说，是数字射线检测技术系统与胶片射线照相检测技术系统的成像特性问题，因此严格的回答必须以成像过程基本理论为基础。由于理论处理会具有一定的近似，因此需要结合一定程度的系统性试验验证。所以等价性问题研究的基本思路应是：

1）以成像过程基本理论作为讨论的基本理论。

2）建立数字射线检测技术系统与胶片射线照相检测技术系统的成像特性的近似处理理论。

3）进行系统性试验，验证与修正建立的成像特性近似处理理论。

4）进行典型缺陷检测试验，检验建立的成像特性近似处理理论。

5）以建立的成像特性近似处理理论做出判断。

2. 成像系统的缺陷检测能力——调制传递函数

对成像系统的缺陷检测能力，可以采用成像系统的调制传递函数描述，调制传递函数通常记为 MTF。它是成像系统决定输出图像特性的基本函数之一。

从空间频率概念考虑，任何物体都可理解为包含着不同空间频率的组成部分。物体的轮廓、物体中的不同结构、物体中的细节（如存在的缺陷）等，按照它们的尺寸，可对应成不同空间频率。一般地说，物体的轮廓部分形成低频空间频率，物体的不同结构部分形成中频空间频率，物体的细节（如存在的缺陷）部分形成高频空间频率。图 6-5 显示了不同空间频率输入信号（物）成像的改变情况。成像系统对不同空间频率输入信号的成像特性，可用于描述其对缺陷的检测能力。

一个细节（缺陷）经过成像系统获得的图像的改变，在成像理论中可用调制度 M 的改

图 6-5　不同空间频率细节成像改变的示意图

变描述。如图 6-6 所示，调制度定义为

$$M = \frac{I_{\max} - I_{\min}}{I_{\max} + I_{\min}}$$

不同空间频率输入信号成像的改变，一个重要方面是图像调制度的改变。如果记物的调制度为 M_0，记像的调制度为 M_I，则像调制度与物调制度之比，将反映成像系统对不同空间频率输入信号的成像特性的一个重要方面，它直接与成像系统对缺陷的识别及分辨能力相关。对于具有一定成像特性的成像系统，其具有特定的和空间频率相关的像调制度与物调制度之比。定义像调制度与物调制度之比和空间频率（ν）的关系为调制传递函数 MTF，即

$$\mathrm{MTF} = T(\nu) = \frac{M_I}{M_0}$$

不同成像系统将具有特定的调制传递函数。调制传递函数的典型曲线如图 6-7 所示。

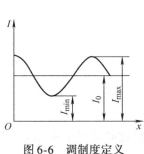

图 6-6　调制度定义

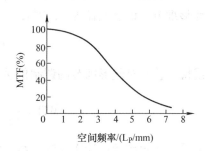

图 6-7　典型调制传递函数曲线

这样，理论上处理等价性问题主要是给出数字射线检测技术系统与胶片射线照相检测技术系统的调制传递函数 MTF。

按照成像过程基本理论，给出成像系统调制传递函数 MTF 的过程是：

1）确定成像系统的线扩展函数。

2）通过傅里叶变换求出成像系统调制传递函数。

3. 射线检测技术系统调制传递函数的建立方法

理论上给出射线检测技术系统调制传递函数的基本过程应是：

1）确定射线检测技术的边扩展函数（不清晰度曲线）。

2）从边扩展函数求出射线检测技术系统的线扩展函数。

3）通过傅里叶变换求出射线检测技术系统的调制传递函数。

具体建立过程可参阅本书附录 E。

（1）矩形函数作为线扩展函数的近似处理　矩形函数作为线扩展函数的近似处理，实际是对射线检测技术系统的不清晰度采用直线的近似处理。得到的调制传递函数关系式为

$$\text{MTF}(\nu) = \frac{1}{\pi\nu U}\sin(\pi\nu U)$$

式中　ν——空间频率;

　　　U——射线检测技术的不清晰度。

对于丝形细节,记丝直径为 d,因有

$$\nu = \frac{1}{2d}$$

可得到射线检测技术对丝形细节的调制传递函数计算式

$$\text{MTF} = \frac{2d}{\pi U}\sin\left(\frac{U}{d}\times 90°\right)$$

(2) 指数函数作为线扩展函数的近似处理　指数函数作为线扩展函数的近似处理,实际是对射线检测技术系统的不清晰度采用指数曲线的近似处理。得到的调制传递函数关系式为

$$\text{MTF}(\nu) = \frac{(3/U)^2}{(3/U)^2 + (2\pi\nu)^2}$$

式中　ν——空间频率;

　　　U——射线检测技术的不清晰度。

对于丝形细节,记丝直径为 d,因有

$$\nu = \frac{1}{2d}$$

可得到射线检测技术对丝形细节的调制传递函数计算式

$$\text{MTF} = \frac{(3/U)^2}{(3/U)^2 + (\pi/d)^2}$$

与部分采用双丝型像质计实际测定结果比较,指数函数近似处理在多数范围中可给出比矩形函数近似处理更好的结果。

关于射线检测技术系统的调制传递函数,也可以采用试验方法直接确定。即通过大量试验,采用双丝型像质计直接确定不同射线检测技术系统的调制传递函数值。

复 习 题

一、选择题 (将唯一正确答案的序号填在括号内)

1. 下面列出的可作为判断检测图像具有"同等缺陷检测能力"的判定依据中,正确的是 (　　)

A. 主要缺陷图像尺寸相等　　　　　B. 主要缺陷图像分布相同

C. 缺陷图像基本形貌相同　　　　　D. 缺陷图像决定的质量级别相同

2. 关于等价性问题,下面考虑的数字射线检测技术与常规胶片射线照相检测技术不同项目中,错误的是 (　　)

A. 射线信号探测器不同　　　　　　B. 探测器对射线信号的探测和转换不同

C. 采用了图像数字化技术　　　　　D. 检测图像质量参数本质上不同

二、判断题（判断下列叙述是正确的或错误的，正确的划〇，错误的划×）

1. 若数字射线检测技术级别获得的检测图像的丝型像质计灵敏度，达到胶片射线照相检测技术级别获得的检测图像的丝型像质计灵敏度，则可认为这两个技术级别具有同等缺陷检测能力。　　　　　　　　　　　　　　　　　　　　　　　　（　　）

2. 对于工业数字射线检测技术，"等价技术级别问题"主要解决的是实际等价性问题。
　　　　　　　　　　　　　　　　　　　　　　　　　　　　　　　　（　　）

三、问答题

1. 简单说明等价性问题讨论的主要内容。

2. 简要说明"等价技术级别"问题讨论的内容。

3. 简单说明等价技术级别评定的基本考虑。

第7章　实　　验

说明：这些实验内容，对于Ⅱ级人员是需要掌握的知识或操作技能，应结合教学过程完成。大体安排是：

第2章　完成实验1和2。

第3章　完成实验3、4和5。

第4章　完成实验6、7和8。

第5章　完成实验9和10。

其中，实验1至6可安排成演示性实验（前期采用摄像机记录实验过程，在课堂上播放，进行相关说明或对结果进行分析讨论）；实验7可演示实验过程，提供实验数据，要求学员自己完成数据处理方式；实验8至10应安排成操作实习性实验，每个学员必须亲自完成（可分成小组进行）。

教师可依据教学情况增加新的演示性实验或操作实习性实验。

实验1　DDA基本空间分辨力测定

1. 实验内容

采用双丝型像质计测定分立辐射探测器（DDA）的基本空间分辨力。

2. 实验器材

1）X射线机：焦点尺寸已知或测定（尽可能采用铍窗、钨靶、无预先滤波X射线源）。

2）DDA：像素尺寸 $200\mu m$（或其他像素尺寸）。

3）双丝型像质计：2只。

3. 实验过程

在已经完成DDA响应校正和X射线机训机后，按下列过程进行实验。

（1）透照布置（图7-1）

1）双丝型像质计直接放置在DDA上，一只平行于DDA像素行，另一只垂直于DDA像素行，放置双丝型像质计时，其金属丝应与DDA像素的行或列成2°~5°小角度。如图7-2所示。

2）DDA的像素行应平行于X射线机管头的轴线方向。

3）射线源到DDA的距离≥1000mm，保证几何不清晰度很小。

（2）图像采集

1）采用90kV（220kV）透照电压，无预滤波。

134

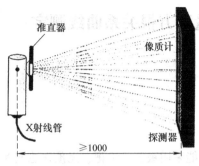

图 7-1 透照布置

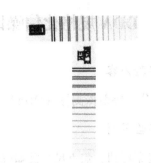

图 7-2 双丝型像质计放置

2）设置 X 射线机可用的较大管电流、适当帧速、叠加帧数，使无双丝型像质计处的灰度值为有双丝型像质计处的灰度值的 80%（±5%）左右。

3）分别采集透照电压为 90kV 和 220kV 的测定图像。

（3）基本空间分辨力测定

1）软件测定双丝型像质计灰度分布曲线。在获取的双丝型像质计测定图像上（图 7-2），利用软件，将图中双丝型像质计影像中间 60% 区（或不少于 21 行或列像素区）设置为关注区（图 7-3a 中勾出虚线框区），获得丝对的灰度分布曲线（图 7-3b）。

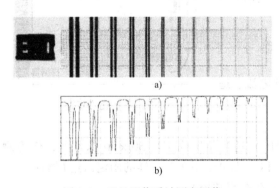

图 7-3 双丝型像质计测定图像

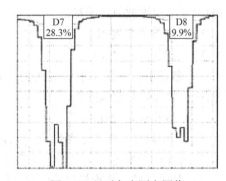

图 7-4 丝对灰度测定图像

2）基本空间分辨力测定值计算。在图 7-3b 中，确定出下面两个丝对：

① 第一个双峰中间深度大于 20% 的丝对，记其直径为 D_1（图 7-4 中 D7），深度记为 R_1（图 7-4 中 28.3%）。

② 第一个双峰中间深度小于 20% 的丝对，记其直径为 D_2（图 7-4 中 D8），深度记为 R_2（图 7-4 中 9.9%）。

按下式计算 DDA 的基本空间分辨力：

$$SR_b = D_1 - \frac{(D_1 - D_2)(R_1 - 20)}{R_1 - R_2}$$

3）基本空间分辨力确定。以两个方向测定值中较差的值作为探测器系统的基本空间分辨力。

说明：本实验对 IP 板系统也可进行，但在实验图像读出时，激光扫描点尺寸应设置在最小尺寸，A/D 转换位数应设置在最高位。

实验2　DDA规格化信噪比与曝光量平方根关系曲线测定

1. 实验内容

测定分立辐射探测器（DDA）的规格化信噪比。

2. 实验器材

1）X射线机：焦点尺寸已知或已测定（尽可能采用铍窗、钨靶、无预先滤波X射线源）。

2）DDA：像素尺寸200μm（或其他像素尺寸）。

3. 实验过程

在已经完成DDA响应校正和X射线机训机后，按下列过程进行实验。

（1）透照布置（图7-5）

1）射线源到DDA的距离≥1000mm，保证几何不清晰度很小，测定区曝光均匀。

2）滤波板（Al，40mm或Cu，3mm）直接放置在X射线管窗口，使未滤波射线不会到达DDA。DDA得到的剂量率应无散射线干扰。

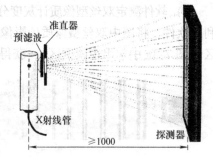

图7-5　透照布置

（2）图像采集要求

1）透照电压：120kV。

2）曝光量：设置X射线机可用的较大管电流、适当帧速、叠加帧数获取图像。

（3）规格化信噪比测定

1）利用软件，在采集图像上（灰度均匀区）适当位置确定出50×50像素区，作为测定数据区（后续测定中固定，作为不变的数据区。也可采用多个这样的固定区进行测定）。

2）利用软件计算规格化信噪比（软件会直接给出数值）。

$$SNR_N = SNR\frac{88.6}{SR_b}$$

（4）不同曝光量的规格化信噪比数据测定　按上面过程，改变曝光量（改变叠加帧数），获取不同曝光量规格化信噪比数据。形成表7-1所示实验数据表。

表7-1　探测器信噪比与曝光量关系曲线测定数据

数据序号	曝光量	曝光量平方根	SNR_N	备　注

（5）规格化信噪比与曝光量平方根关系曲线绘制 用表7-1的数据，在图7-6所示的坐标系中画出信噪比与曝光量平方根关系曲线。

实验中画该关系曲线时，横坐标单位可以采用mA·ms、mA·s、mA·min等。

说明：本实验对IP板系统也可进行，但在实验图像读出时，激光扫描点尺寸应设置在最小尺寸，A/D转换位数应设置在最高位。

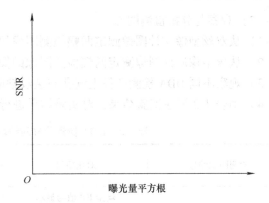

图7-6 探测器规格化信噪比与曝光量平方根关系曲线

实验3 DDA像素尺寸对缺陷检测的影响

1. 实验内容

采用两种不同像素尺寸的分立辐射探测器（DDA），在同样透照条件下获取缺陷、双丝型像质计、丝型像质计的检测图像，观察比较检测图像的双丝型像质计及丝型像质计的可识别情况及缺陷细节变化情况。

2. 实验器材

1）X射线机：焦点尺寸已知或测定（尽可能采用铍窗、钨靶、无预先滤波X射线源）。

2）DDA：2个，像素尺寸不同，例如200μm与100μm（或其他像素尺寸）。

3）双丝型像质计：1只。

4）丝型像质计：1只，应适宜缺陷试件材料与厚度。

5）缺陷试件：气孔与裂纹（含有一定裂纹扩展细节）。

6）垫板：当缺陷试件尺寸小，应备有与缺陷试件同样材料、适当厚度和尺寸的平板。

3. 实验过程

在已经完成DDA响应校正和X射线机训机后，按下列过程进行实验。

（1）透照布置

1）缺陷试件具有足够大的平面部分，可将双丝型像质计、丝型像质计放置在其上。当缺陷试件尺寸小时，可在垫板上放置缺陷试件、双丝型像质计、丝型像质计。

2）缺陷试件（或放置缺陷试件的垫板）放置在DDA上，双丝型像质计长边平行于DDA像素行方向，DDA的像素行平行于X射线管的轴线方向。

3）射线源到DDA的距离不小于1000mm。

（2）检测图像获取

1）对缺陷试件，选择适宜的透照电压与曝光量透照，获得该条件下第一个DDA的检测图像。

2）更换DDA，保持其他透照条件不变，获得该缺陷试件另一个DDA的检测图像。

（3）观察与分析检测图像

1）从双丝型像质计图像测定两幅检测图像的不清晰度（空间分辨力）值。

2）从丝型像质计图像测定两幅检测图像的像质值（对比度）。

3）观察不同 DDA 检测图像上气孔与裂纹缺陷的显示情况。

4）用表 7-2 记录实验结果，对实验结果进行分析、总结。

表 7-2 DDA 像素尺寸对缺陷检测的影响实验结果

检测图像编号	对比项目	探测器像素尺寸/μm	
		1：200	2：100
1	丝型 IQI 值与显示		
	双丝 IQI 值与显示		
	缺陷细节显示		
	缺陷细节图像		

注：表格可按检测图像数目设计。

（4）总结 概括出像素尺寸对检测图像影响的基本看法，与相关理论比较。

实验4 IP 板图像读出扫描点尺寸对缺陷检测的影响

1. 实验内容

采用某一类别 IP 板透照，获取缺陷、双丝型像质计、丝型像质计的检测图像。采用不同扫描点尺寸读出检测图像，观察比较检测图像的双丝型像质计及丝型像质计的可识别情况及缺陷细节变化情况。

2. 实验器材

1）X 射线机：焦点尺寸已知或已测定（尽可能采用铍窗、钨靶、无预先滤波 X 射线源）。

2）IP 板：较高分辨力类别，适当尺寸。

3）IP 板图像读出器：可设置有明显差别的不同扫描点尺寸，如 50μm、100μm 等。

4）双丝型像质计：1 只。

5）丝型像质计：1 只，应适宜缺陷试件材料与厚度。

6）缺陷试件：气孔与裂纹（含有一定裂纹扩展细节）。

7）垫板：当缺陷试件尺寸小，应备有与缺陷试件同样材料、适当厚度和尺寸的平板。

3. 实验过程

（1）透照布置

1）缺陷试件具有足够大的平面部分，可将双丝型像质计、丝型像质计放置在其上。当缺陷试件尺寸小时，可在垫板上放置缺陷试件、双丝型像质计、丝型像质计。

2）缺陷试件（或放置缺陷试件的垫板）放置在 IP 板上，双丝型像质计长边平行于 IP 板一边，该边平行于 X 射线管的轴线方向。

3）射线源到 IP 板的距离大于或等于 1000mm。

（2）检测图像获取

1）对缺陷试件，选择适宜的管电压、管电流、曝光时间等进行透照。

2）对透照后的 IP 板设置较大扫描点尺寸（与适宜的其他读出参数），读出检测图像。

3）充分擦除 IP 板上的存留图像。

4）对缺陷试件，按 1）的同样参数进行第二次透照。

5）对透照后的 IP 板设置较小扫描点尺寸（与适宜的其他读出参数），读出检测图像。

（3）观察与分析检测图像

1）从双丝型像质计图像测定两幅检测图像的不清晰度（空间分辨力）值。

2）从丝型像质计图像测定两幅检测图像的像质值（对比度）。

3）观察不同检测图像的气孔与裂纹缺陷显示情况。

4）用表 7-3 记录实验结果，对实验结果进行分析、总结。

表 7-3　IP 板类别与扫描点尺寸对缺陷检测的影响实验结果

检测图像编号	对比项目	IP 板	
		扫描点 1：	扫描点 2：
1	丝型 IQI 值与显示		
	双丝 IQI 值与显示		
	缺陷细节显示		
	缺陷细节图像		

注：表格可按检测图像数目设计。

（4）总结　概括出扫描点尺寸对检测图像影响的基本看法，与相关理论比较。

实验 5　曝光量对检测图像质量的影响

1. 实验内容

对某 DDA 数字射线检测系统，改变曝光量，对放置了双丝型像质计与丝型像质计的平板试件进行透照，获取检测图像，测定检测图像的双丝型像质计与丝型像质计指标。

2. 实验器材

1）X 射线机：焦点尺寸已知或已测定（尽可能采用铍窗、钨靶、无预先滤波 X 射线源）。

2）DDA：适当尺寸和已知像素尺寸（例如 200μm 或 100μm 等）。

3）双丝型像质计：1 只。

4）丝型像质计：1 只，应与缺陷试件材料与厚度相适宜。

5）平板：钢或铝材料的适当厚度和尺寸的平板。

6）缺陷试件：气孔与裂纹（含有一定裂纹扩展细节）。

3. 实验过程

在已经完成 DDA 响应校正和 X 射线机训机后，按下列过程进行实验。

（1）透照布置

1）将缺陷试件、双丝型像质计、丝型像质计放置在平板上。

2）平板放置在 DDA 上，双丝型像质计长边平行于 DDA 像素行方向，DDA 的像素行平行于 X 射线管的轴线方向。

3）射线源到 DDA 的距离不小于700mm。

（2）检测图像获取

1）按平板材料与厚度，选取适当透照电压。

2）选用适当帧速和叠加帧数，用三个明显不同管电流（例如成倍差别），分别获取各曝光量的检测图像。

（3）观察与分析检测图像

1）从双丝型像质计图像测定三幅检测图像的不清晰度（空间分辨力）值。从丝型像质计图像测定三幅检测图像的像质值（对比度）。

2）测定三幅检测图像某固定部位的信噪比。

3）观察不同检测图像的气孔与裂纹缺陷显示情况。

4）用表7-4记录实验结果，对实验结果进行分析，总结。

表7-4 补偿规则作用实验数据表

检测图像序号	曝光量	检测图像测定数据			
		SNR	线 IQI 值	双丝 IQI 值	缺陷细节显示
1					
2					
3					

（4）总结 概括出曝光量对检测图像影响的基本看法，与相关理论比较。

实验6 最佳放大倍数试验

1. 实验内容

获取 DDA 系统在不同放大倍数下的检测图像，采用双丝型像质计测定检测图像不清晰度，与理论计算结果比较。

2. 实验设备与器材

1）X 射线机：焦点尺寸0.4mm（或相近的其他小尺寸）。

2）DDA：像素尺寸200μm。

3）双丝型像质计：1 只。

4）丝型像质计：与平板材料、厚度相适应，1 只。

5）平板：钢或铝，适当厚度、适当尺寸平板。

6）缺陷试件：气孔与裂纹（含有一定裂纹扩展细节）。

3. 实验准备

按检测图像不清晰度公式,计算不同放大倍数(应包括最佳放大倍数)检测图像的不清晰度值,形成表 7-5 数据表。

表 7-5 检测图像不清晰度与放大倍数关系计算数据

放大倍数 M							
计算	U_{im}/mm						
	双丝 IQI 值						

4. 实验过程

在已经完成 DDA 响应校正和 X 射线机训机后,按下列过程进行实验。

(1)透照布置

1)将缺陷试件、双丝型像质计、丝型像质计放置在平板上。

2)平板放置在 DDA 上,双丝型像质计长边平行于 DDA 像素行方向,DDA 的像素行平行于 X 射线管的轴线方向。

3)射线源到 DDA 的距离不小于 1000mm。

(2)检测图像获取

1)按平板材料、厚度选取适当透照电压,以较大管电流、适当帧速、叠加帧数构成适当曝光量(使检测图像规格化信噪比不小于 120)。

2)改变平板位置,构成最佳放大倍数和小于及大于最佳放大倍数的三个放大倍数,分别获取检测图像(应注意,由于实际焦点尺寸原因,实际的最佳放大倍数可能并不等于计算的最佳放大倍数)。

(3)观察与分析检测图像

1)测定不同放大倍数检测图像不清晰度、信噪比和丝型像质计值。

2)对从双丝型像质计测定的检测图像不清晰度值与理论计算值比较。

3)观察不同放大倍数检测图像上缺陷显示的差别。

相关结果可总结成表 7-6。

表 7-6 最佳放大倍数与检测图像质量

放大倍数 M			
双丝 IQI 值	计算		
	试验		
像质计值			
检测图像信噪比			
缺陷显示比较			

(4)讨论 最佳放大倍数对检测图像质量的作用。

实验7 曝光曲线制作

1. 实验内容

制作某个 X 射线源的 DDA 数字射线检测系统对钢的曝光曲线（仅需要完成一个透照电压曲线）。

2. 实验设备与器材

1）X 射线机：焦点尺寸已知或已测定。

2）DDA：像素尺寸 200μm（或其他像素尺寸）。

3）钢阶梯试块：阶梯的平面尺寸宽度应不小于 80mm，阶梯宽度不小于 20mm，阶梯厚度差可设计为 2mm，阶梯数不少于 6 个。

4）钢垫板：与阶梯试块同材质的钢板，平面尺寸不小于阶梯试块，厚度为 2mm。可准备多块。阶梯试块与垫板组合后可覆盖希望的厚度范围。

3. 实验过程

（1）基本数据

1）按检测技术标准规定的技术级别检测图像质量要求，确定曝光曲线应设定的规格化信噪比，取为 100。

2）按检测实际情况，确定焦距值为 1000mm。

3）从探测器的规格化信噪比与曝光量关系曲线的近似线性区，选取适宜的曝光量范围（曝光量应保证规格化信噪比值可达到设定的 100）。

（2）检测图像获取　按阶梯试块厚度范围，选定透照电压，在设定的焦距值下，以六个不同的曝光量（例如，它们按成倍数关系改变）透照，获取检测图像。

（3）测定检测图像规格化信噪比　测定不同透照曝光量下获得的各阶梯检测图像的规格化信噪比，形成类似表 7-7 的曝光曲线原始数据表。

表 7-7　曝光曲线原始数据表

透照电压：	各阶梯检测图像的规格化信噪比					
阶梯厚度/mm	T_1	T_2	T_3	T_4	T_5	…
曝光量 1						
曝光量 2						
曝光量 3						
曝光量 4						
曝光量 5						
曝光量 6						

（4）整理数据　从表 7-7 中确定出，对于某一透照电压，规格化信噪比基本符合 100 的厚度与对应的曝光量数据，整理成类似表 7-8 的数据表。希望对某一透照电压有不少于 5 个数据组。

表7-8 曝光曲线数据表（规格化信噪比为100）

透照电压	阶梯厚度/曝光量					
	$(T/E)1$	$(T/E)2$	$(T/E)3$	$(T/E)4$	$(T/E)5$	…
透照电压1						
透照电压2						
透照电压3						
…						

（5）绘制曝光曲线 用表7-8的数据，在坐标系中用描点方法绘制出曝光曲线。由于数据肯定存在一定误差，绘制曲线时应使透照电压线尽量过更多数据点。得到类似图7-7的曝光曲线。

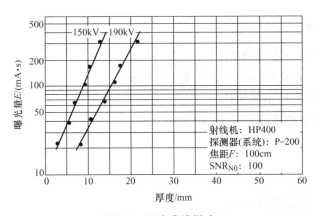

图7-7 曝光曲线样式

实验8 图像软件使用

1. 实验内容

使用DDA或IP板数字射线检测系统的图像软件，对给定的检测图像进行存储、显示、调整处理、测量等过程，学习使用该软件。

2. 实验设备

1）DDA或IP板数字射线检测系统的显示处理单元与图像软件。

2）一幅检测图像，应包括适当的缺陷图像、双丝型像质计图像。

3. 实验过程

1）将检测图像按新文件格式（例如BMP或TIF格式）存储。

2）测定检测图像的不清晰度。

3）测定检测图像指定区的信噪比。

4）改变检测图像的显示方式，例如反相。

5）对检测图像整体进行窗宽窗位调整。

6）对检测图像局部区进行窗宽窗位调整、放大观察。

7）使用软件电子标尺对图像细节尺寸进行测量。

实验9 DDA 数字射线检测系统使用

1. 实验内容

在教学使用的实习 DDA 数字射线检测系统上，完成对钢电弧熔焊试板的透照、获取图像，运用图像软件测定图像质量，进行缺陷图像处理与尺寸测量。学习 DDA 数字射线检测系统使用的基本操作。

2. 实验设备与器材

1）一套 DDA 数字射线检测系统。

2）适当厚度、具有典型缺陷的钢电弧熔焊试板。

3）丝型像质计与双丝型像质计。

4）该 DDA 数字射线检测系统对钢的曝光曲线。

3. 实验过程

（1）准备

1）启动 DDA 数字射线检测系统。

2）使用软件，按其规定程序完成探测器响应校正与坏像素修正。

3）利用曝光曲线确定钢电弧熔焊试板透照参数。

4）完成透照布置，设置透照参数与图像获取参数。

（2）获取检测图像

1）在设置的参数下透照并获取检测图像。

2）保存原始检测图像。

（3）检测图像质量测定

1）观察检测图像上的丝型像质计图像，可识别的丝至少可清晰看到 2/3 丝长。

2）使用软件，利用检测图像的双丝型像质计图像，测定检测图像的不清晰度。

3）在焊接试板邻近焊缝母材区（热影响区）的中间、两端，使用软件测定检测图像规格化信噪比。

（4）检测图像缺陷观察 对检测图像观察焊缝与热影响区，进行窗宽窗位调整，获取清晰的缺陷图像。

（5）缺陷尺寸测量

1）使用软件对气孔缺陷适当放大，采用软件电子标尺，测量气孔缺陷尺寸。

2）在可能时采用已知宽度的矩形缝获取的图像，分别采用软件电子标尺直接测量宽度和采用"半高宽法"测量宽度尺寸，比较测量尺寸的差别。

（6）个人小结 从实验过程对检测系统使用操作的个人体会进行小结。

144

实验 10　CR 数字射线检测系统使用

1. 实验内容

在教学使用的实习 CR 检测系统上，完成对钢电弧熔焊试板的透照、获取图像，运用图像软件测定图像质量，进行缺陷图像处理与尺寸测量。学习 CR 数字射线检测系统使用的基本操作。

2. 实验设备与器材

1）一套 CR 数字射线检测系统。
2）适当厚度、具有典型缺陷的钢电弧熔焊试板。
3）丝型像质计与双丝型像质计。
4）该 CR 数字射线检测系统对钢的曝光曲线。

3. 实验过程

（1）准备
1）熟悉 IP 板使用的基本操作。
2）熟悉 CR 系统的 IP 板图像读出器的基本操作。
3）利用曝光曲线确定钢电弧熔焊试板透照参数。
4）完成透照布置，设置透照参数。
（2）透照　在设置的透照参数下完成透照过程。
（3）获取检测图像
1）设置 IP 板图像扫描读出参数（主要是按检测图像不清晰度要求设置扫描点尺寸），读出检测图像。
2）完成 IP 板图像擦除（某些 IP 板图像读出器自动完成该过程）。
3）保存原始检测图像。
（4）检测图像质量测定
1）观察检测图像上的丝型像质计图像，可识别的丝至少可清晰看到 2/3 丝长。
2）使用软件，利用检测图像的双丝型像质计图像，测定检测图像的不清晰度。
3）使用软件，在焊接试板邻近焊缝母材区（热影响区）的中间、两端，测定检测图像规格化信噪比。
（5）检测图像缺陷观察　对检测图像焊缝与热影响区进行窗宽窗位调整，获取清晰缺陷图像。
（6）缺陷尺寸测量
1）使用软件，对气孔缺陷适当放大，采用软件电子标尺，测量气孔缺陷尺寸。
2）在可能时，采用已知宽度的矩形缝获取的图像，分别采用软件电子标尺直接测量宽度和采用"半高宽法"测量宽度尺寸，比较测量尺寸的差别。
（7）个人小结　从检测系统使用操作过程对个人体会进行小结。

附　　录

附录 A　辐射探测器的基础性知识

本附录介绍关于辐射探测器的部分基础性知识，包括辐射探测器的物理基础、半导体的基本知识、辐射探测器涉及的部分光电探测器、辐射探测器的一般特性。

A.1　辐射探测器的物理基础

A.1.1　概述

辐射是能量在空间或介质中的发射或传播现象，是一种不需要介质参与的能量传递现象。按照辐射基本性质，可分为电磁辐射和粒子辐射。从根本上说，辐射探测是基于辐射与物质的相互作用。辐射性质、能量不同，与物质的相互作用就不同。例如，电磁辐射的波谱包含了相当大的范围（图 A-1），对不同波段探测需要基于不同的物理原理。

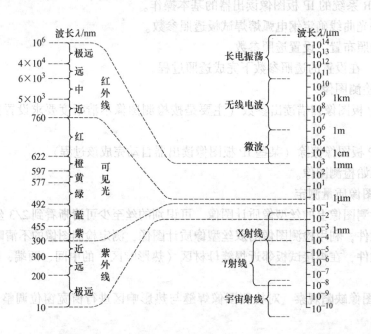

图 A-1　电磁波谱

下面叙述的是针对 X 射线、γ 射线的探测问题。为了方便理解辐射探测器原理，下面简单介绍 X 射线、γ 射线探测器所涉及的基本物理知识，主要包括能带理论、光电效应、闪烁现象。

A.1.2　能带理论概念

1. 能带概念

能带是描述固体中原子外层电子运动的一种图像。

按照原子理论，原子的电子只能占据某些能级，只能在特定的壳层运动。当许多原子结成固体时，其原子内层电子的运动与孤立原子时一样，但原子外层电子的运动将受到邻近原子电场的影响。例如，对于晶体，这时价电子实际上可以在原子组成的整个晶格中运动，不再被限制于某个原子。这种运动情况称为电子的共有化。由于共有化，电子不仅受本身原子核的作用，还受到邻近原子核的作用，这导致电子原来的能级可分裂成新的但差别很小的许多新能级。由于分裂的新能级差别很小而形成具有一定宽度（分布区）的能量范围——能带。也就是对于固体，由于原子间的相互作用，孤立原子的能级将展宽间隔极小的分立能级组成的能带，每一能带与原子的原能级相关联。图 A-2 显示了晶格能带与原子能级的关系。

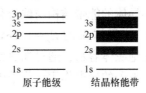

图 A-2　晶格能带与原子能级的关系

2. 导带、价带与禁带概念

原子组成晶体后，其内层能级对应的能带也将被电子填满。能量最高的价电子填满的能带称为价带，能量高于价带的能带一般是空的，其中能量最低的称为导带。价带与导带之间的能量区称为禁带。一切不允许电子存在的能量区都可称为禁带。图 A-3 是导带、价带与禁带概念示意图。

处于价带中的电子受原子束缚不能参与导电。处于导带中的电子不受原子束缚，是自由电子，能参与导电。价带中的电子要跃迁到导带中成为自由电子，至少要吸收禁带宽度的能量，因此可用能带图分析材料的导电性质。也就是，从能带结构的差别，可以说明导体、半导体、绝缘体的性能差别。

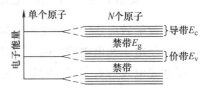

图 A-3　导带、价带与禁带概念示意图

3. 导体、半导体、绝缘体能带结构

导体、半导体、绝缘体的能带结构具有明显差别，如图 A-4 所示。

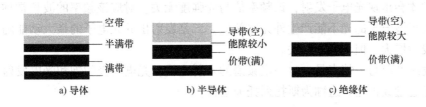

图 A-4　导体、半导体、绝缘体的能带结构示意图

导体能带结构的一个特点是价带并未填满。在外电场作用下，价带上面的电子获得很少能量后，可运动到空的价带中去。即，在外电场作用下，在晶体内可产生电子的集体定向运

动，形成电流。实际中，大多数金属最上层的能带存在重叠，如图 A-5 所示。由于重叠，原填满的价带可转变为未填满，原导带（空带）的部分填上了电子，从而出现了更多的可供电子进入的空态，这使金属成为良导体。

图 A-5　导体能带重叠结构示意图

绝缘体能带结构的主要特点是价带填满，价带与导带的能量间隙较大。由于价带已经填满，电子不能改变其在价带中的状态，激发电子只能是把它从价带转移到导带。但由于价带与导带的能量间隙较大（例如，绝缘材料 SiO_2 的 $E_g \approx 5.2eV$），外加电场无法使价带中电子加速，也就是不能产生电流。

半导体的能带结构与绝缘体的能带结构相似，主要差别是价带与导带的能量间隙较小（例如，半导体 Si 的 $E_g \approx 1.1eV$）。由于价带与导带的能量间隙较小，将价带中电子激发到导带比绝缘体容易，通过加热就可以把电子从价带激发到导带。导带中的少数电子可以具有金属中电子的导电作用，价带中的空穴也具有类似的导电作用。

A.1.3　光电效应

辐射探测器所涉及的光电效应主要是三种：光电发射效应、光电导效应、光伏效应（或称为光生伏特效应）。光电发射效应常称为外光电效应，光电导效应、光伏效应常称为内光电效应。光电效应的一个基本特点是光电转换在相当大的范围内呈现线性关系。即，随照射光通量增加，产生的电荷（或输出的电流）成正比增大。

1. 光电发射效应（外光电效应）

光电发射效应是指物质受到光照后，如果入射的光子能量足够大，则它与物质的电子相互作用可使电子逸出物质表面（向外发射电子）。

描述光电发射效应规律的基本方程是爱因斯坦光电方程

$$h\nu = W + \frac{1}{2}mv^2$$

h，ν，W，m，v 分别为普朗克常数、入射光频率、电子逸出功、电子质量和运动速度。它给出了入射光子能量与发射光电子间的基本关系。

从该方程可以理解光电发射效应的特点：一是对某种被照射物质，只在入射光的频率高于某个值时才会出现光电子发射，该频率值与光强度无关。对应该频率的波长常称为红限波长。即，大于该波长的光不能产生外光电效应。二是发射出的光电子的最大动能随入射光的频率增高线性增大，但与光强无关。

光电发射效应另一特点是，对一定频谱的入射光线，光电阴极的饱和光电发射电流与阴极吸收的光通量成正比。这称为斯托列托夫定律。

2. 光电导效应

光电导效应是指固体受到光照改变电导率的现象。

电导率正比于载流子（电子或空穴）与其迁移率的乘积，因此凡是能激发出载流子的入射光，都能产生光电导效应。例如，对于半导体，入射光可以把电子从价带激发到导带，或者使电子在杂质能级与能带间发生跃迁，增加电子和空穴浓度，从而改变了电导率。

产生光电导效应的基本条件是入射光的光子能量必须不小于激发过程相应的能量间隙，也就是禁带宽度或杂质能级与某能带的能量间隙。即，光电导效应存在最大响应波长，称为光电导的长波限。

不仅半导体有光电导效应，而且绝缘体也有光电导效应。

3. 光伏效应

光伏效应（或称光生伏特效应），是指光照引起电动势现象。

光伏效应可发生在半导体材料内部，也可发生在半导体的界面。但通常光伏效应仅指后一种情况。

半导体界面包括：半导体的 PN 结、金属与半导体接触的界面、不同半导体材料的异质界面、金属-绝缘体-半导体系统界面。在这些界面，共同的特点是存在空间电荷区，它可以建立很强的自建电场。光照时产生的电子-空穴对，在自建电场的作用下运动。电子移向 N 区，空穴移向 P 区，形成光生电流。光生电流使 N 区和 P 区分别积累了负电荷和正电荷，在 PN 结上形成电势差。

A.1.4　闪烁现象

1. 闪烁概念

闪烁是指辐射照射物体引起瞬时发射可见光现象。

发光与辐射激发同时出现、同时消除（激发停止时发射也即刻停止，发光持续时间极短，例如不超过 $10^{-9} \sim 10^{-6}$ s）的光发射称为荧光；发光与辐射激发同时出现，但当激发停止后发射继续存留较长时间的光发射称为磷光。它们常简单地统称为荧光辐射，光电探测中应用的主要是荧光。

可以产生闪烁现象的物体可称为发光材料。发光材料以粉状细小颗粒、一定厚度制作在支持物上构成探测器部件时称为荧光屏。这时，发光材料常称为荧光物质。发光材料以透明的单晶体制作在支持物上构成探测器部件时称为闪烁板（或简单称为闪烁体），这时，发光材料常称为闪烁（晶）体。

也就是，可实现闪烁现象的发光材料常可分为荧光物质与闪烁（晶）体。

荧光物质与闪烁（晶）体将辐射能量转换为荧光辐射的过程是一种光致发光过程。

2. 荧光辐射过程的定性说明

按照受激辐射理论，发光取决于电子的能态跃迁，因此发射可见光的条件是电子跃迁的能级差必须与可见光光子能量相同。为此，在发光材料中掺有杂质，称为激活剂，改变发光材料原有能级结构。激活剂杂质构成的局部能态称为发光中心。

对于无机发光材料，荧光辐射过程可以如下简单说明。

入射辐射损失的能量，使电子从价带跃迁到导带，在晶体中形成大量的电子-空穴对。空穴运动到激活剂原子，激活剂原子的电子与空穴复合，则使激活剂原子处于电离状态。电子运动到电离状态的激活剂原子，形成处于激发态的激活剂原子。激

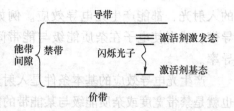

图 A-6 无机发光材料发光过程示意图

活剂原子从激发态跃迁到基态释放能量，则形成荧光辐射。适当选择激活剂，可使光子能量处于可见光范围。如果激发态到基态的跃迁是被禁止的，则可通过加热、辐射照射等获得能量，改变能态，使向基态跃迁变为允许的跃迁，释放能量，则形成磷光辐射。图 A-6 是无机发光材料发光过程的示意图。实际发光过程具有更复杂的过程。

有机发光材料的分子具有与电子自旋相关的能级结构，对于它的发光过程，简单说是其电子吸收能量后被激发到高能态，从高能态跃迁到基态，产生荧光辐射，平均发光衰减时间约为 10^{-9} s。若从高能态经过内过渡过程，一些激发态转变为自旋不同的激发态，再发生向自旋不同的基态跃迁，则产生磷光辐射。图 A-7 是有机发光材料发光过程的示意图。

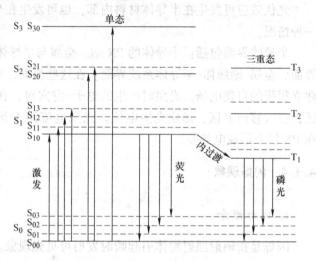

图 A-7 有机发光材料发光过程示意图

3. 常用荧光物质与闪烁体

闪烁发光材料常进一步分为荧光物质和闪烁（晶）体。常用的荧光物质是硫化锌（银激活）、硫化锌镉（银激活）、硫氧化钆（铽激活）、碘化铯（钠激活）、钨酸钙等，它们的主要特性见表 A-1，图 A-8 是部分荧光屏材料的发射光谱特性。闪烁（晶）体可分为无机闪烁体和有机闪烁体。常用的闪烁（晶）体是锗酸铋、氟化钙（银激活）、碘化钠（铊激活）、碘化铯（铊激活）和钨酸镉等。它们的主要特性见表 A-2。表中衰减常数指停止激发后从响应最高值降到其 37% 所需要的时间。

表 A-1 常用荧光物质的主要特性

名　　称	化学式	密度/(g/cm³)	发射峰值波长/nm	衰减常数/μs
硫化锌	ZnS（Ag）	4.1	450	0.060
硫化锌镉	ZnCdS（Ag）	4.5	550	0.085
碘化铯	CsI（Na）	4.5	420	0.650
钨酸钙	CaWO₄	6.1	430	6.00
硫氧化钆	Gd₂O₂S（TA）	7.3	550	480.0

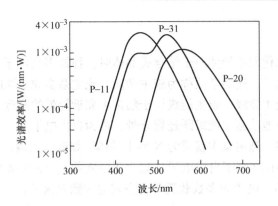

［P11:ZnS(Ag);P20:ZnCdS(Ag);P31:ZnS(Cu)］

图 A-8　部分荧光屏材料的发射光谱特性

表 A-2　常用闪烁晶体的主要特性

名称	化学式	密度 /(g/cm³)	最大发射 波长/nm	光产额 /(10³光子/MeV·g)	衰减常数	余辉（%）
锗酸铋（AGO）	$Ai_4Ge_3O_{12}$	7.13	480	8~10	300 ns	—
氟化钙	CaF_2（Eu）	3.18	435	19	0.94μs	6ms 后，<0.3
钨酸镉	$CdWO_4$	7.9	470/450	12~15	20/5 ns	3ms 后，0.1
碘化铯（吸湿）	CsI（Tl）	4.51	550	52~56	1.0μs	6ms 后，0.5~5
碘化钠（吸湿）	NaI（Tl）	3.67	415	38	250 ns	—

A.2　半导体基本知识

A.2.1　半导体类型

半导体分为本征半导体和非本征半导体。本征半导体是结构完整无杂质的半导体。非本征半导体是在本征半导体中人为掺入少量杂质形成的半导体。它可分为 N 型半导体和 P 型半导体。

1. 载流子

在半导体中获得能量的电子，可以从价带被激发到导带，同时在价带中留下空穴。进入导带的电子，可以参加导电。在价带中其他电子在外电场作用下可移动到附近留下的空穴，同样可形成电流，这可看作是空穴的移动。在半导体中可以导电的电子和空穴，称为载流子（运载电流）。

2. 本征半导体

本征半导体是结构完整无杂质的半导体。

温度处于0K 时，晶体中的电子全部集中在价带中，填满价带所有能态，导带中无电子，这时半导体不导电。温度升高，部分电子吸收热能量从价带跃迁到导带，成为自由电子，在价带中留下等量的空穴，使半导体具有了一定的导电能力。

3. N型半导体

掺入的杂质元素取代原半导体原子结合成晶体时，释放多余电子（可多出价电子），本身成为带正电的杂质离子。这类杂质称为施主杂质。施主杂质原子同时产生了附加的束缚电子的能量状态，称为施主能级。施主能级位于禁带中靠近导带的附近。所释放的电子将处于这些能带中，可以容易地从施主能级跃迁到导带，成为自由电子。

即，本征半导体掺入施主杂质就成为N型半导体。如硅掺入磷、砷、锑等V族元素。

掺入的杂质使半导体增加了自由电子（远大于空穴数），使N型半导体以自由电子导电为主。对于N型半导体，电子为多数载流子，空穴为少数载流子。

4. P型半导体

掺入的杂质元素取代原半导体原子结合成晶体时缺少价电子，需要从周围半导体原子获取电子，使半导体原子晶体中出现空穴。这类杂质称为受主杂质。受主杂质原子同时产生附加的受主获取电子的能量状态，称为受主能级。受主能级位于禁带中靠近价带顶的附近。价带中的电子可以容易地跃迁到受主能级。或者说，空穴从受主能级跃迁到价带。

即，本征半导体掺入受主杂质就成为P型半导体。如硅掺入硼、镓、铝等III族元素。

掺入的杂质使半导体价带中的空穴远多于导带中的电子数目。即，P型半导体以空穴导电为主。对于P型半导体，空穴为多数载流子，电子为少数载流子。

图A-9显示了不同类型硅半导体的晶体结构示意图。

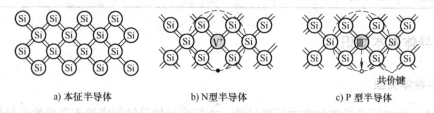

a) 本征半导体　　　　　b) N型半导体　　　　　c) P型半导体

图A-9　不同类型硅半导体的晶体结构示意图

A.2.2　PN结

PN结是P型半导体与N型半导体接触的界面区。

P型半导体的空穴比N型半导体多，N型半导体的电子比P型半导体多。因此在界面必然出现P型半导体的空穴向N型半导体扩散，N型半导体的电子向P型半导体扩散。在P型半导体区留下带负电的受主离子，在N型半导体区留下带正电的施主离子。这样，在界面两侧形成负、正电荷层，称为空间电荷区，如图A-10所示。

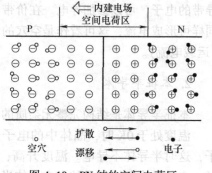

图A-10　PN结的空间电荷区

在空间电荷区导电类型从P型区的空穴型过渡到N型区的电子型，故空间电荷区又称为过渡区。

正、负电荷层必然产生电场，称为内建电场。在内建电场作用下，将使载流子漂移。P型区的电子漂移到 N 型区，N 型区的空穴漂移到 P 型区。最终，将达到扩散与漂移的平衡，形成具有一定空间电荷区和相应内建电场的界面——PN 结。

PN 结的特性由以下区域决定。

（1）空间电荷区　过渡区存在的正、负电荷层。

（2）势垒区　过渡区存在（由内建电场引起）的电位差，可阻碍电子、空穴的扩散。

（3）耗尽区　过渡区内不存在能自由导电的电子和空穴，称为（载流子）耗尽区。

A.2.3　集成电路与场效应管概念

1. 集成电路

1958 年诞生了世界上第一块集成电路。

传统的电子学电路由分立元件连接后组成。集成电路将各种分立元件（晶体管、电阻、电容等）集合成单一整体，制作在一块薄薄的硅晶片上，完成完整电子学电路的功能。

在短短的时间内集成电路迅速发展，随着材料科学、工艺技术的发展，新的材料、新的电路结构，使集成电路进入大规模、超大规模集成电路发展阶段，如 MOS（金属-氧化物-半导体）集成电路、CMOS（互补金属-氧化物-半导体）集成电路等。新的学科——微电子学兴起。

2. 晶体管的电荷储存效应

PN 结正向工作时（P 区接电源正极，N 区接电源负极），大量电子从 N 区注入 P 区，在 P 区边界形成电子积累，存在电子浓度梯度，电子在 P 区将产生扩散运动，构成正向电流。这种正向导通时的电子积累现象称为电荷储存效应。

3. 场效应管

场效应管是载流子运动受到外电场控制具有电场调制效应的器件，在器件内的横向电流由外加垂直电场调制。

场效应管分为两种：结型场效应管和 MOS 场效应管（绝缘栅场效应管）。

（1）结型场效应管　控制电流电场加在反向偏置 PN 结上，实现对输出电流控制。可分为 N 沟道和 P 沟道两类。

N 沟道的基本结构如图 A-11 所示。在 N 型半导体两端制作源极（S，接负）和漏极（D，接正），在 N 型半导体底部和顶部扩散形成 P 层，并各做一个电极（G），称为栅极。则构成一个 N 沟型场效应管。

栅极不施加电压，漏极与源极间施加电压时，在 N 型半导体形成导电通道，称为 N 型沟道，长度为 L，宽度为 W。栅极施加电压，可改变沟道宽度，相应地，漏极与源极间电流也将改变。即，通过外加电场控制导电沟道截面，实现控制沟道电流。这样就实现了通过 PN 结上的电场变化控制输出电流。

（2）MOS 场效应管（绝缘栅场效应管）　控制电流电场加在绝缘栅极上，栅极和沟道之间被绝缘层隔开。可分为 N 沟道和 P 沟道两类。P 型衬底的导电通道称为 N 沟道，N 型衬底的导电通道称为 P 沟道。N 沟道的基本结构如图 A-12 所示。

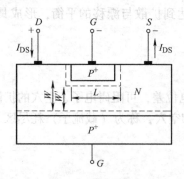

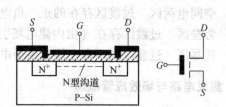

图 A-11　N 沟道结型场效应管结构　　　　图 A-12　N 沟道 MOS 型场效应管结构与符号

通常的结构是在 P 型硅表面生长一层 SiO_2，在其上用金属制作栅极，在半导体上扩散两个杂质（导电类型不同于半导体）浓度高的区作为漏区与源区。构成 MOS 场效应管。栅极是输入端，源极是公共端，漏极是输出端。

在金属栅极与半导体间施加电压，若栅极接负，在该电场作用下，P 型半导体表面的空穴增加；若栅极接正，在该电场作用下，P 型半导体表面的空穴减少。电场越强，半导体表面层载流子数的变化越大。当电场加到足够大时，可把 P 型半导体表面的空穴全部赶走，并可吸引一定数量的电子到表面层，形成电子流动通道——N 沟道。按 N 沟道形成还可将 MOS 场效应管分类。

对于 N 沟道 MOS 场效应管，栅极电压为正才会形成导电通道，栅极电压为负将处于截止状态。

A.2.4　TFT

TFT——薄膜晶体管，该技术于 20 世纪 90 年代后期出现。

TFT 技术是采用新材料、新工艺的大规模半导体集成电路制造技术。它是在玻璃（或塑料）基板上，通过溅射、化学沉积形成制造电路需要的各种膜层，对膜层加工，制造出大规模半导体集成电路。常用的 TFT 单元是三端器件（场效应器件），其两端有源极和漏极，在半导体层面覆盖绝缘膜上设有栅极。利用栅极施加的电压控制源极和漏极间的电流。

TFT 技术最早解决的是，液晶显示器大面积、数量众多的显示矩阵单元的控制问题。对于液晶显示屏，每个像素的结构是像素电极与共同电极间夹有液晶膜。液晶的透光度决定于电极间电压。从电的角度每个像素可看作电容，对像素电极间的电压控制就是其充电量的控制。例如，对像素矩阵中某位置的像素，通过行控制线施加目标电压，通过列控制线施加控制电压，控制该位置像素的开关（场效应管），引入目标电压，实现该像素的显示内容。这样，有序地控制行、列电压就可完成全屏显示，对于平板探测器，通过类似地有序控制，可读出每一像素（探测单元）的信号。

A.2.5　非晶态半导体概念

按半导体的原子排列，半导体可分为晶态半导体和非晶态半导体。非晶态半导体又称为玻璃半导体。

非晶态半导体不同于晶态半导体的基本特点是原子排列短程有序、长程无序。实验证明，非晶态半导体中每个原子周围的最邻近原子排列有规则，与同质晶体一样。但从次邻近原子开始可能是无规则排列。这不同于晶态半导体的原子排列长程有序。非晶态半导体无确定熔点，凝结过程不结晶。

非晶态半导体短程有序的特点，使电子的共有化运动限制在中心点附近区域，其能带结构不同于晶态半导体，导带、价带、禁带出现拖尾（即引入了连续能量区）。由于结构的长程无序性，导致结构中存在很多缺陷。在非晶态半导体中掺入杂质比较困难。非晶态半导体也产生了自己的特性（例如，在脉冲电压作用下具有开关和记忆特性）。

典型的非晶态半导体有锗、硅、硫系玻璃。非晶硅与单晶硅一样也是半导体材料，非晶硒与单晶硒一样也是半导体材料。

A.3　构成辐射探测器的光电探测器件与材料

光电探测技术是光电信息技术的一个基本方面。光电探测技术中，常把探测器分为光电探测器件和光电成像器件，覆盖了从红外辐射到紫外辐射的探测，已经发展了多种探测器件。

无论是 X 射线探测器，还是 γ 射线辐射探测器，由于它们都是将光辐射信号转换为电信号，因此将不加区分地统称为光电探测器。

A.3.1　光电二极管

光电二极管是一类光电探测器件，它把入射的光信号转换为电信号，其原理是基于 PN 结的光伏效应。

1.基本结构

光电二极管的基本结构是 PN 结。按照衬底材料不同可以分成两种，一种以 P 型硅作为衬底，另一种以 N 型硅作为衬底。此外，还有其他的光电二极管。图 A-14 是以 P 型硅作为衬底的 PN 结型光电二极管的结构示意图。其基本结构是在 P 型硅表面形成重掺杂 N 型层，接触区形成 PN 结。N 型区上有 SiO₂ 保护膜，引出电极。P 型区镀镍蒸铝，引出负电极。硅光电二极管的结构如图 A-13 所示。

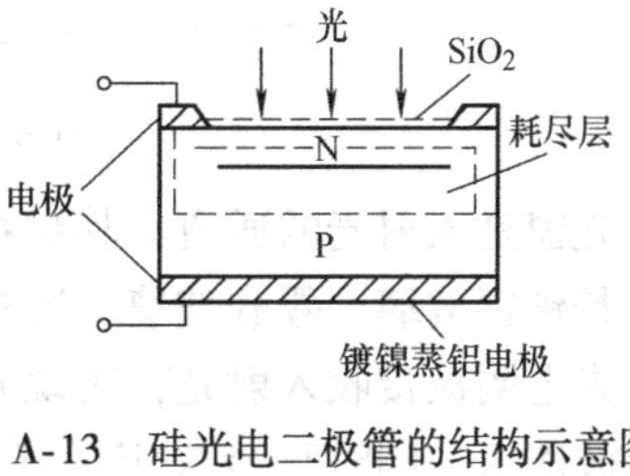

图 A-13　硅光电二极管的结构示意图

2.PN 结光生伏特效应

P 型半导体空穴为多数载流子，电子为少数载流子。而 N 型半导体电子为多数载流子，空穴为少数载流子。这样，在 P 型和 N 型半导体接触形成 PN 结时，在 PN 结区建立起相对稳定的内建电场。

当光照射 PN 结时，在半导体中产生电子-空穴对。在内建电场（结电场）作用下，电子移动向 N 区，空穴移动向 P 区，在 PN 结两边形成因光照射产生的电位。这就是 PN 结光生伏特效应。

3. 光电二极管原理与光照特性

光电二极管的光电转换过程基于光生伏特效应。

在 PN 结上施加反向电压（N 区为正，P 区为负，使 PN 结反向偏置），其加强了内建电场。无光照射时，反向暗电流很小。光照射时，结区产生电子–空穴对，在内建电场作用下将形成光生电流。

光生电流与光照强度关系称为光电二极管的光照特性或光电转换特性。对于光电二极管，光照的光生电流基本与光照强度成正比，光照特性的线性范围很宽。图 A-14 显示了光电二极管的光照特性。

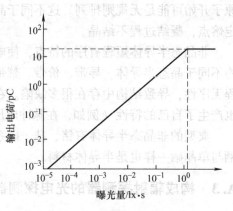

图 A-14　光电二极管的光照特性

A.3.2　光电倍增管（PMT）

光电倍增管是闪烁探测器中最常用的电子倍增器件。

光电倍增管由光窗、光电阴极、电子光学系统、电子倍增系统、阳极五个主要部分组成，其结构如图 A-15 所示。

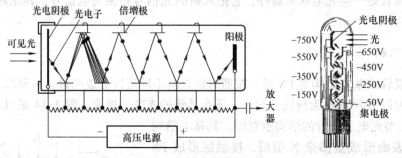

图 A-15　光电倍增管的基本构成示意图

光窗是入射光的通道，其材料决定了光电倍增管光谱特性的短波阈值。常用的光窗材料一般是钠钙玻璃、硼硅玻璃、紫外玻璃、石英等。

光电阴极接收入射光，实现光电转换，发射电子。光电阴极决定了光电倍增管光谱特性的长波阈值，同时直接决定了光电倍增管的灵敏度特性。常用的光电阴极材料是 Cs – Sb（铯–锑）、K – Cs – Sb（钾–铯–锑）等化合物半导体。

电子倍增系统由多组倍增电极组成，其材料常是在 Ni 片上镀上 Cs – Sb，各个倍增电极上按规律施加高压。倍增电极发射二次电子，一个电子入射到倍增电极可产生多个电子。电子光学系统主要是使前一级发射的电子聚焦、加速到达下一级。因此光电倍增管的放大倍数可达到 $10^5 \sim 10^7$。

阳极用来收集最后一个倍增电极发射的电子。常用 Ni、Mo、Na 等电子电离能较大的材料制作，普遍采用网状。

对光电倍增管要求的主要特性包括光谱特性（光电倍增管的光谱响应范围）、伏安特性（阳极电流与最后一个倍增电极和阳极间电压的关系）、放大特性［光电倍增管的电流放大系数（增益）或灵敏度随电源电压变化的关系］、光电特性等。

光电特性是输出电流与入射光通量之间的关系。在较宽的范围内两者为直线关系，但光通量较大时将偏离直线。一般说，光电倍增管只能测量非常小的光通量，其输出电流不能超过几毫安。图 A-16 显示了光电倍增管的光电特性。

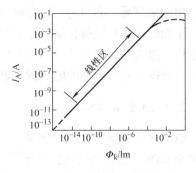

图 A-16　显示了光电倍增管的光电特性

A.3.3　微通道板（MCP）

微通道板是对二维空间分布电子进行倍增的器件。

微通道板的基本结构是在一薄板上、沿厚度方向密布着微细通道（紧密排列的微细空心玻璃纤维，多用含铅、铋等氧化物的硅酸盐玻璃），通道的内表面经过处理后具有高阻和高二次电子发射特性（处理后，内表面生成厚 10nm 的单晶铅或氧化铅的 N 型半导体，电阻 $10^8 \Omega$ 以上）。板的厚度为 0.4mm 至几毫米。通道的孔径常为 6～50μm，通道的长度与孔径之比的典型值为 40。通常，通道不垂直于端面，与端面成 7°～15°的角。在微通道板的两个端面上镀有镍层，形成输入电极和输出电极。图 A-17 是微通道板的结构示意。

微通道板两个端面电极上施加工作电压，高速光电子进入通道，与通道内壁碰撞，发射二次电子，实现电子倍增。图 A-18 是工作原理示意图。实际中，微通道板可实现 10^8 量级增强。

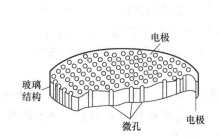

图 A-17　微通道板的结构示意

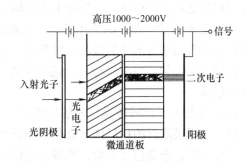

图 A-18　工作原理示意图

微通道板各个通道独立，互不干扰，上升时间短。市场上的微通道板多为两层，封装在一个法兰盘中。将微通道板放置在像管的光电阴极与荧光屏间，则构成微通道板像增强器。

还有可以把电子、软 X 射线光子或紫外光子直接转换为电子图像的微通道板。

A.3.4　CCD（电荷耦合器件）

1. CCD 概念

CCD——电荷耦合器件，是 1970 年发展起来的一种新型半导体光电器件，它可以将光信号转换为成比例关系的电信号，实现电荷信号的产生、存储、转移、检测，以电荷分布信号给出图像信号。到目前，只有硅电荷耦合器件趋于成熟。

下面讨论的是电荷存储在半导体与绝缘体之间的界面，并沿界面转移类型的CCD，称为表面沟道电荷耦合器件，即SCCD。还存在另一种电荷存储在半导体内一定深度的位置，并在半导体内转移类型的电荷耦合器件，称为体沟道CCD或埋沟道CCD，即ACCD。

2. CCD基本结构

CCD的主要结构包括光敏阵列、转移栅、模拟移位寄存器、输出放大器等单元。光敏阵列由MOS（金属-氧化物-半导体）电容构成，它是CCD的基本结构单元。

MOS电容的基本结构是在P型（或N型）硅半导体的衬底上覆盖一层厚度约120nm的SiO_2层，在SiO_2层表面上再沉积一层金属电极，作为栅极。栅极间隙约2.5μm（一般该间隙应小于3μm），电极中心距离为15~20μm。在栅极和衬底间加上正向偏置电压（栅极与外电源正极连接，衬底接地，称为控制栅压），就构成MOS电容。图A-19是MOS单元的基本结构示意图，这样一个MOS结构称为一个像素（光敏元）。将多个MOS单元排列构成MOS阵列，再加上输入、输出结构，则构成了CCD器件。

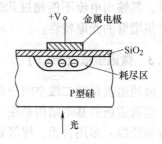

图A-19　MOS单元基本结构示意图

3. CCD探测原理

（1）电荷存储原理　以P型硅半导体为例，栅极（金属电极）未加偏置电压时，P型硅内的多数载流子（空穴）均匀分布。当栅极（金属电极）加上正向电压时（衬底接地），电极与衬底之间出现电场，半导体上表面附近区的空穴受到排斥，在半导体上表面附近形成一层多数载流子（空穴）的耗尽区。少数载流子（电子）被吸引到耗尽区，并被限制在耗尽区内。在界面附近形成的该耗尽区称为（表面）势阱，势阱具有存储电子的能力。

栅极所施加的正向电压越大，耗尽区越深，吸引电子的能力越大，势阱内所能容纳的电子数量越多。

（2）CCD的光信号转换　光信号照射在CCD的硅片上时，半导体吸收光子产生电子-空穴对。在栅极附近的耗尽区（在栅极电压作用下），空穴受到排斥流入衬底，电子被吸引收集在势阱中，形成信号电荷，实现了光信号向电信号的转换。

信号电荷正比于照射光强，图A-20是CCD的光-电转换特性。从图中可见，输出电荷与曝光量间存在一个线性关系区域。当曝光量继续增大达到某个程度后，将出现饱和特性。产生饱和的原因是，MOS电容仅能产生和积蓄一定限度内的光生电荷信号。

在无光照射时，CCD仍产生和输出的电流（噪声电流）称为暗电流。暗电流产生于热激励产生的电子-空穴对，主要是出现在耗尽区的热激励，此外还有界面上出现的热激

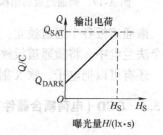

图A-20　CCD光电转换特性

励、耗尽区边缘的电荷热扩散。减少暗电流的主要措施是尽量减少信号电荷的存储与转移时间。

（3）CCD 的电荷转移　概括说，在 CCD 的栅极上施加按一定规律变化的电压，则可使势阱内电荷沿半导体表面转移（传输），最后从输出二极管送出视频信号。

电荷转移过程如图 A-21 所示。假定开始时有电荷存储在栅极电压为 10V 的第 1 电极下的势阱内，其他电极电压为低电压（2V），如图 A-21a 所示。经过一定时间后，各电极电压如图 A-21b 所示，因第 1 和第 2 电极很近（小于 3μm），它们各自的势阱合并起来，原来第 1 电极势阱的电荷变为合并后势阱共有，如图 A-21c 所示。再经一定时间，各电极电压改变为图 A-21d 所示。因第 1 电极电压减小，势阱深度减小，电荷则转移到第 2 电极的势阱，如图 A-21e 所示。如此，CCD 完成电荷从一个势阱到另一势阱的转移。输出电流与注入二极管的电荷量呈线性关系。

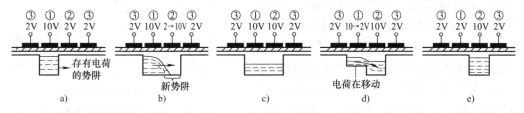

图 A-21　CCD 的电荷转移

A. 3. 5　CMOS 探测器

1. CMOS 概念与结构组成

CMOS（互补金属-氧化物-半导体）图像传感器出现在 1969 年，它是用传统芯片工艺方法，在一块硅片上制作的图像传感器。优点是结构简单、价格低，存在的主要缺点是，在较长时间（1989 年前）成像质量差、响应速度慢等。近年来，它的性能已经接近 CCD 的性能。

CMOS 图像传感器由像敏元件、放大器、A/D 转换器、存储器、数字图像信号处理、计算机接口电路等组成。主要组成部分是像敏阵列和 MOS 场效应管集成电路，两部分集成在同一硅片上。

MOS 场效应管主要由衬底、源极、漏极、栅极组成。衬底为轻渗杂质的 P 型硅。源极与漏极间有一薄层绝缘的 SiO_2。栅极电压可以控制源极与漏极间的电流。MOS 场效应管可构成光电二极管的负载，可构成光电二极管的输出电流信号放大器，又可构成存储开关管，也可将光电二极管的信号迅速存储在电容中，作为寻址控制和读出控制。

2. CMOS 成像器件像敏单元

像敏单元是 CMOS 图像传感器的核心组件。

早期的被动像敏单元结构只包含光电二极管和地址选通开关。现在的主动像敏单元结构与被动像敏单元结构的主要差别，是 MOS 场效应管构成光电二极管的负载，信号在每个像敏单元经过放大后才通过 MOS 场效应管模拟开关传输。这使噪声降低，信噪比提高。

像敏阵列为光电二极管阵列。像敏单元按 X、Y 方向排成阵列，每一单元都有其 X、Y 方向地址。每一列像敏单元都对应一个列放大器。可通过寻址开关选择，将信号送至输出放大器。经 A/D 转换器进行模数转换，再经预处理电路处理后通过接口电路输出。

工作流程依靠时序脉冲给出的时序关系，控制各部分的运行次序。

3. CMOS 图像传感器的输出模式

CMOS 成像器件有四种输出模式：线性模式、双斜率模式、对数特性模式、γ 校正模式，如图 A-22 所示。

（1）线性模式 输出与光强正比，动态范围最小，小信号时信噪比很低。

（2）双斜率模式 采用双斜率模式是扩大动态范围的方法。信号弱时采用长时间曝光，输出信号曲线斜率很大；信号强时采用短时间曝光，输出信号曲线斜率降低，扩大了动态范围。

（3）对数特性模式 可方便地设计和实现对数响应电路，使动态范围非常大。此外，因人眼对光的响应接近对数规律，这种输出模式具有良好的使用性能。

（4）γ 校正模式 γ 校正模式的输出规律为

$$U = ke^{\gamma E}$$

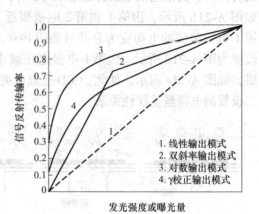

图 A-22 CMOS 成像器件的四种输出模式

γ、E、k 分别为校正因子（小于1）、输入信号光强、常数。它将使输出信号增长速度变慢。

4. CMOS 与 CCD 的简单比较

CMOS 与 CCD 成像芯片结构存在差别。CCD 的芯片结构只包含光电转换区、移位寄存器区、电子-电压转换单元，协同工作电路单元处于芯片外。而 CMOS 的芯片结构把 CCD 芯片的内外大部分单元全部集成在同一芯片上，同时完成光电转换、电荷储存、放大、A/D 转换等。

CCD 芯片制造工艺复杂，工作需要高电压、大功耗，需要与芯片外围电路单元协同工作。直接输出的是模拟视频信号，需要经过芯片外围单元拾取、处理后才能给出数字化视频信号。CMOS 体积小、功耗低、功能全，直接输出数字化视频信号。

CCD 像敏单元的填充系数可近100%，量子效率也接近100%。而 CMOS 的有效像敏单元面积较小，填充系数仅为 20%～30%。这直接关系到获得信号的信噪比。明显地，CCD 给出的信号的信噪比高，而 CMOS 给出的信号的信噪比一般。

CMOS 与 CCD 关于光产生信号的基本过程相同，但在成像性能方面存在差别，表 A-3 比较了两者成像的主要性能。

表 A-3　CCD 与 CMOS 的成像主要性能比较

性能参数	量子效率	信噪比	暗电流	动态范围
CCD	高	高	小	良好
CMOS	较高	一般	稍大	良好

A.3.6　光电阴极

　　能够产生光电发射的物体称为光电发射体。光电发射体在光电器件中常作为阴极，故又称为光电阴极。即，光电阴极是根据外光电效应制造的光电发射材料。

　　光电阴极可分为透射型和反射型。透射型光电阴极制作在透明介质上，光通过透明介质入射到光电阴极，光电子从另一侧发射出来。反射型光电阴极则是光电子从光入射侧发射出来。光电阴极主要用在光电管、光电倍增管、像增强器、摄像管等，作为将光信号转换为电信号的部件。

　　表 A-4 列出了常用光电阴极材料和其光谱响应范围。图 A-23 是常用光电阴极的光谱响应特性。

表 A-4　常用光电阴极材料和其光谱响应范围

类　　别	响应范围	常用材料
$Ag-O-Cs$	$300 \sim 1200nm$	
锑铯光电阴极	紫外和可见光区灵敏度高	CsSb（S-4，S-5，S-11，S-13 等）
多碱锑化物	宽光谱响应	Sb-Na-K-Cs 最实用
负电子亲和势	平坦区：$300 \sim 850nm$	GaAs（Cs），InGaAs（Cs）最常用
紫外光电阴极	长波限：$0.32\mu m$，$0.2\mu m$	CsTe，CsI

　　按照外光电效应的斯托列托夫定律，当入射光频率（频谱）不变时，光电流（单位时间内产生的光电子数目）与入射光强度成正比。也即，二者间存在线性关系。应用时，需要考虑的主要参数是灵敏度、量子效率、光谱响应曲线等。

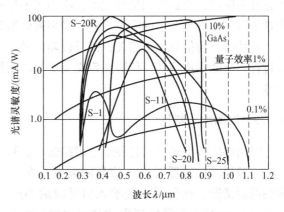

A.4　辐射探测器的一般特性

　　关于辐射探测器的一般特性，主要可分为四个方面：转换特性、噪声特性、时间响应特性和空间响应特性。下面简单介绍这些特性的基本概念。

图 A-23　常用光电阴极的光谱响应

A.4.1　转换特性

　　转换特性描述的是探测器输入物理量与输出物理量间的关系，主要的描述参数是量子探测效率（DQE）与动态范围。

　　量子探测效率（DQE）：原定义为输出（物理量）信号信噪比平方与输入（物理量）信号信噪比平方之比

$$DQE = \frac{SNR_o^2}{SNR_i^2}$$

量子探测效率用百分数（%）表示，它给出的是探测器将输入辐射信号转换为输出信号的效率，值越高性能越好。量子探测效率高，表示探测器在低剂量下可获得高质量图像。

实际可简单地定义为单位时间（秒）输出信号光量子数与输入信号光量子数之比。

动态范围定义为探测器像元可探测的最大（饱和）信号与信号均方根噪声之比。

由于一般认为可探测的最小信号等于噪声信号，因此可认为动态范围也就是探测器可探测的最大信号与最小信号之比。由于辐射探测器一般都工作在线性响应范围，所以动态范围实际常指探测器处于线性响应下可探测的最大信号与最小信号之比，或简单地指线性响应范围。

A.4.2 噪声特性

探测器噪声是探测器的信号响应（给出的输出信号）的波动情况。即，对于同样的输入信号，探测器的响应信号并不完全相同，存在一定范围的起伏变化。

探测器的主要噪声是量子噪声、热噪声、电流噪声和结构噪声等。

由于辐射粒子的量子性，它们发射或穿越过程的瞬间数量并不恒定，存在起伏（即，宏观上同样的信号微观上存在差异）；辐射粒子与物质的作用过程是随机过程，也存在起伏。由这些起伏引起的噪声常称为量子噪声。热噪声是电子无规则热运动形成的瞬间电流引起的噪声。由于无规则热运动与温度相关，故该噪声称为热噪声。实测表明，半导体器件有电流时电导率会发生起伏（机理尚不清楚），由此产生的噪声称为电流噪声。结构噪声是构成探测器各探测单元敏感介质性能的不均匀性（包括其存在的缺陷）导致的噪声，这是必然存在的噪声，当被检测信号强时，必须考虑结构噪声。这些是探测器的主要噪声。一般认为量子噪声是必须考虑的噪声，量子噪声近似服从泊松分布。

这些噪声与信号大小相关，简单说随信号增大而增加。为此，采用信噪比描述探测器成像过程产生的噪声特性。信噪比定义为获得的图像信号与噪声之比。信噪比越高，图像质量会越好。

A.4.3 时间响应特性

时间响应特性表示的是探测器跟踪输入信号变化的能力。

一般说，探测器对输入信号的响应存在一定的滞后情况。这包括出现输入信号时的响应上升滞后（不能立即达到应达到的最高响应）和输入信号停止时的响应下降滞后（不能立即减少到零响应，存在衰减过程）。图 A-24 显示了探测器时间响应基本特性。一般说，下降滞后会更严重（例如，荧光屏余辉）。这种响应滞后特性称为探测器的惰性。也就是，描述探测器时间响应特性的主要概念是惰性。常用的表示惰性的参数是余辉、衰减时间或时间常数。

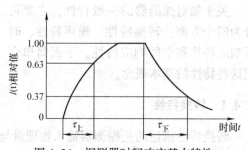

图 A-24　探测器时间响应基本特性

也提出了一些实用性的描述探测器时间响应特性的概念，例如，图像刷新时间。它是指曝光开始到探测器的数据被采集完成（可以进行下一次曝光）的时间间隔。图像刷新时间限定了两次曝光的最小时间间隔，对于连续曝光采集也是需要考虑的参数。又如时间分辨率，它是指满足图像质量要求下，单位时间内所能得到的图像帧数，单位为帧/s。由于人眼视觉的暂留时间为 0.02s，时间分辨率需要达到 16 帧/s 以上，才能对视觉给出连续变化的图像。

A.4.4　空间响应特性

探测器空间响应特性描述的是探测器对于输入信号的空间分布的响应特性。也就是，探测器给出的输出信号空间分布与输入信号空间分布的关系。

定量描述探测器的空间响应特性可采用探测器的点扩散函数或光学调制传递函数（或调制传递函数）。

1. 点扩散函数

设输入为一个几何点（空间分布——图像为几何点），则探测器对其给出的输出图像函数（输出信号空间分布函数），称为探测器的点扩散函数。

对于满足线性不变条件的探测过程（成像过程），则对任意输入图像函数（输入信号空间分布函数）有，输出图像函数为输入图像函数与点扩散函数的卷积。因此有了点扩散函数，则可给出任意空间分布输入信号的输出信号空间分布情况。

2. 光学调制传递函数

对探测器的空间响应特性，还可利用傅里叶变换转到频域分析讨论。

对于满足线性不变条件的探测过程（成像过程），若定义探测器的光学调制传递函数为输出图像函数频谱与输入图像函数频谱之比，则其光学调制传递函数与点扩散函数为一对傅里叶变换对。光学调制传递函数的幅度部分函数称为调制传递函数（MTF），给出了不同频率部分的调制度变化情况；相位部分函数称为相位传递函数（PTF），给出了不同频率部分的相位变化情况。光学调制传递函数则记为：OTF。可见，光学调制传递函数也可给出输出信号空间分布与输入信号空间分布的关系。

一个实用的描述探测器空间响应特性的参数是探测器的空间分辨力。常用（调制传递函数降为 0.2 的）空间频率或不清晰度表示。它给出了探测器分辨几何细节的能力。

A.5　半导体探测器的辐射损伤

A.5.1　半导体的辐射损伤

辐射与电子相互作用，同时也与晶格原子核相互作用。同电子作用是辐射探测的瞬时效应，同核的作用可以导致材料的永久性变化，常常可以引起探测器损伤。

各种辐射对半导体造成损伤的机制主要是位移效应、电离效应、表面效应。

1. 位移效应

位移效应是指辐射与晶体原子相互作用时，使原子获得足够能量后离开晶格原来的位置。多数半导体材料晶格原子的位移阈值为 $10 \sim 25\text{eV}$，能量高的辐射粒子与晶格原子作用可以使原子位移，形成缺陷。这些缺陷如同复合中心，使基区少数载流子寿命缩短，降低晶体管的电流增益。

不同类型辐射产生位移效应的微观过程不同，对电离辐射主要是通过库仑散射把能量交给原子，造成的位移缺陷是均匀分布的点缺陷。辐射引入的缺陷可与晶体原有的杂质等作用，形成各类形式的缺陷复合体。

2. 电离效应

电离效应是指电离辐射使半导体内产生过剩的电子-空穴对，使电导率改变，当加上电场时，这些过剩的电子-空穴对分别向正极和负极运动，形成光电流。瞬时光电流对正常工作的电路是一种扰动。

3. 表面效应

表面效应是指电离辐射在半导体表面的氧化层中产生电离，结果是使氧化层中建立正电荷并引入界面态。

正电荷的建立使半导体表面处反型，形成电通道，增大表面复合速度。在氧化层中电子的迁移率远大于空穴的迁移率。这样，在外电场的作用下，电子飘向正电极，造成正电荷总是积聚在半导体-氧化层的界面。引入界面态即是形成表面缺陷。界面态可与半导体进行电荷交换。

正电荷的建立和界面态均能影响电性能，它们均不稳定。由于不同的氧化物中电荷的输运机理不同，因此造成的损伤程度不同。表面效应过程复杂，目前在理论和实践方面都还存在需要研究的问题。

A.5.2 半导体的辐射损伤容限

辐射对电子系统的影响，一方面取决于辐射的种类、能量、剂量，另一方面也取决于系统采用的元器件的类型、材料、结构和电路设计。表 A-5 为部分器件对一些辐射的损伤容限。表 A-6 是常用电子元器件的辐射损伤容限。表 A-7 是部分材料对稳定辐射的相对灵敏度。

表 A-5 部分器件对一些辐射的损伤容限

器件类型	中子（裂变），注量/cm²	γ 射线（Co-60），剂量/Gy	质子（约20MeV），注量/cm²
低频功率晶体管	$10^{10} \sim 10^{11}$	$10^3 \sim 10^4$	$5 \times 10^8 \sim 5 \times 10^9$
中频晶体管（50兆周 $<f_a<$ 150兆周）	$10^{12} \sim 10^{13}$	$10^3 \sim 10^4$	$5 \times 10^9 \sim 5 \times 10^{10}$
高频晶体管（$f_a>$ 150兆周）	$10^{13} \sim 10^{14}$	$10^3 \sim 10^4$	$5 \times 10^{10} \sim 5 \times 10^{11}$
结型场效应管	$10^{14} \sim 10^{15}$	$10^4 \sim 10^5$	$10^{12} \sim 10^{13}$
NOS 场效应管	$10^{14} \sim 10^{15}$	$\approx 10^2$	$10^{11} \sim 10^{12}$
微波器件	$10^{14} \sim 10^{15}$		
整流二极管	$10^{13} \sim 10^{14}$	$10^4 \sim 10^5$	$3 \times 10^{11} \sim 10^{12}$
稳压二极管	$5 \times 10^{13} \sim 5 \times 10^{14}$	$10^4 \sim 10^5$	$10^{12} \sim 10^{13}$
隧道二极管	$5 \times 10^{14} \sim 5 \times 10^{15}$	$>10^5$	$10^{13} \sim 10^{14}$
单结晶体管	$5 \times 10^{11} \sim 5 \times 10^{12}$	$\approx 10^{12}$	$10^{10} \sim 10^{11}$
可控硅	$<10^{13}$	<10	
集成电路：逻辑电路	$5 \times 10^{13} \sim 10^{15}$	$\approx 10^4$	10^{13}
集成电路：线性电路	5×10^{12}	$\approx 10^3$	$\approx 10^{11}$
集成电路：MOS 电路	5×10^{14}	$\approx 10^3$	

表 A-6　常用电子元器件的辐射损伤容限

元器件类型	中子，注量/cm^2	γ 射线，剂量率/(Gy/s)	电子（1MeV），注量/cm^2	质子（50MeV），注量/cm^2
电真空器件	$10^{15} \sim 10^{17}$	10^3		
充气器件		$10^4 \sim 10^6$		
阻容器件	$10^{15} \sim 10^{16}$	$10^8 \sim 10^9$	10^{13}	10^{12}
石英晶体	$10^{13} \sim 10^{14}$	3×10^7		
继电器	6.5×10^{14}	$> 10^9$		
高频电缆		1m 长电缆芯线感生电流 $I = 10^{-9} \cdot$ 剂量率		
太阳能电池：PN 型			10^{13}	10^{11}
太阳能电池：NP 型			5×10^{14}	5×10^{11}

注：太阳能电池按功率退化 50% 考虑。

表 A-7　部分材料对稳定辐射的相对灵敏度

材料类型	中子（1MeV）注量/cm^2	电离辐射剂量/Gy	材料类型	中子（1MeV）注量/cm^2	电离辐射剂量/Gy
晶体	$10^{12} \sim 10^{13}$		电阻材料	$10^{18} \sim 10^{21}$	$10^4 \sim 10^7$
半导体	$10^{13} \sim 10^{17}$	$5 \times 10^{11} \sim 5 \times 10^{12}$	电容器材料		$10^4 \sim 10^7$
有机材料	$10^{12} \sim 10^{14}$	$10^3 \sim 10^5$	迈勒薄膜		$10^5 \sim 10^6$
聚四氟乙烯	$10^{13} \sim 10^{14}$	$10^2 \sim 10^3$	石英		$10^7 \sim 5 \times 10^7$
环氧树脂	$10^{12} \sim 10^{15}$		云母		$10^7 \sim 5 \times 10^7$
橡胶	$10^{15} \sim 10^{16}$	$10^4 \sim 10^5$	玻璃	$5 \times 10^{19} \sim 10^{21}$	$5 \times 10^6 \sim 5 \times 10^7$
聚乙烯		$10^5 \sim 10^6$	陶瓷	$10^{19} \sim 10^{21}$ 以上	$10^7 \sim 10^8$ 以上
聚苯乙烯	$10^{16} \sim 10^{17}$	$10^4 \sim 10^7$	磁性材料	$10^{19} \sim 10^{21}$ 以上	
金属材料	$10^{18} \sim 10^{21}$ 以上				

A.5.3　环境（空间）辐射

核爆炸会造成最恶劣的核辐射环境。核爆炸时的中子注量阈值约为 $10^{13} cm^{-2}$，可造成半导体器件永久损伤。γ 射线对半导体器件的瞬态影响严重，它可导致系统工作状态被严重干扰，存储器中的信号会被抹掉，瞬态破坏的阈值约为 $10^5 Gy/s$。此外，γ 射线还可在周围介质中激发很强的电磁场，它也对电子元器件产生瞬时或永久损伤。

外层空间辐射主要来自宇宙射线、太阳耀斑辐射、围绕地球的范·艾伦辐射带等。

宇宙射线是高能粒子，具有极大的贯穿能力。地球卫星的电子系统，一年接受的累积剂量可达到 100Gy 以上。

太阳耀斑随机发生，每隔 1 月到每隔 1 年产生一次，持续时间为 2h 到 10 天。耀斑辐射主要为高能质子（约 30MeV），剂量率为 0.1 ~ 10Gy。

范·艾伦辐射带位于赤道上空,它主要为高能质子(30～100MeV)和高能电子(0.4～1MeV),辐射剂量率分别可达到数十 Gy/h 和1Gy/h。

附录 B 采样定理说明

B.1 采样概念

采样是利用脉冲序列 $S(t)$ 按一定时间间隔 T_S,从连续时间信号 $f(t)$ 抽取一系列离散样本值 $f_S(t)$ 的过程。数学上这个过程可写为两个函数相乘

$$f_S(t) = f(t)S(t)$$

$$S(t) = \sum_{n=-\infty}^{\infty} \delta(t - nT_S)$$

B.2 采样定理概念

以不同的采样时间间隔抽取的离散样本值,含有的信息不同。采样定理给出的是保证离散信号和对应的模拟信号所包含的信息完全一样的条件。

B.3 采样定理讨论方法

讨论采样定理的方法是对各个函数进行傅里叶变换。各个函数的傅里叶变换频谱如图 B-1～图 B-3 所示。

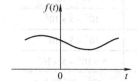

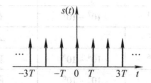
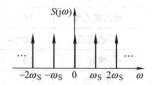

图 B-1 一维函数 $f(t)$ 与其频谱示意图

图 B-2 冲激序列函数及其频谱

从获得的各个函数的傅里叶变换频谱可以看到:抽样函数 $f_S(t)$ 的傅里叶变换频谱 $F_S(j\omega)$ 也是连续函数,是连续信号频谱 $F(j\omega)$ 按抽样角频率 ω_S 等间隔的重复。如果采样间隔不够大,采样函数 $f_S(t)$ 频谱在重复过程中,则会出现图 B-4 所示的频谱混叠现象,在混叠区将产生非原始函数的频谱成分。为避免出现混叠,必须控制采样间隔。

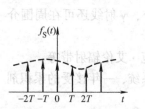
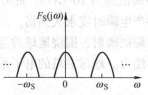

图 B-3 采样函数及其频谱

图 B-4 频谱混叠

B.4　采样定理确定方法

设连续信号的频宽（最大角频率）为 ω_m，则其由等间隔抽样 $f(nT_S)$ 唯一确定的条件（即不发生混叠现象），按图 B-4 是 $\omega_S \geq 2\omega_m$，这时采样函数 $f_S(t)$ 的频谱可以相互独立。这样，在恢复原始图像时，可通过后续滤波，获得 $-\omega_m \leq \omega \leq \omega_m$ 区单一的频谱，则可准确、唯一地恢复原始图像信号。

从上面关系，利用角频率与频率的基本关系式

$$\omega = 2\pi f = \frac{2\pi}{T} \quad (T \text{ 为周期})$$

可得到

$$\omega_m = 2\pi f_m \qquad f_m = \frac{\omega_m}{2\pi}$$

$$\omega_S = 2\pi f_S \qquad f_S = \frac{\omega_S}{2\pi} \qquad T_S = \frac{2\pi}{\omega_S}$$

这样，就可简单地得到采样定理条件 $f_S \geq 2f_m$，此式可进一步写成

$$\frac{1}{f_S} \leq \frac{1}{2f_m}$$

也即得到了采样间隔 T_S 应满足的条件

$$T_S \leq \frac{1}{2f_m}$$

如果不满足采样定理，则图像会出现混叠。图 B-5 显示了一些混叠图样。

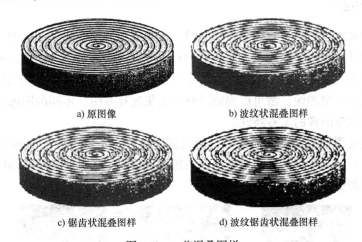

a) 原图像　　　　　　　　　　b) 波纹状混叠图样

c) 锯齿状混叠图样　　　　　　d) 波纹锯齿状混叠图样

图 B-5　一些混叠图样

附录 C　数字图像增强处理技术简介

C.1　概述

在数字射线检测技术中，为了更好地识别图像中的信息，在观察和评定图像时通常都要运用数字图像处理技术。

数字图像处理技术可分为三个层次内容：狭义图像处理、图像分析、图像理解。狭义图像处理是对输入图像进行某种变换，改善图像的视觉效果或对图像进行压缩编码等，获得输出图像。图像分析是对图像的局部（目标）进行检测与测量，建立图像目标的描述，给出图像数值或符号描述。图像理解是在图像分析基础上，基于人工智能等研究图像目标的性质和目标间的相互关系，对图像内容的理解和解释。

这里简要叙述数字射线检测技术中运用的数字图像处理内容，主要是狭义图像处理，也可说是图像增强处理内容。简单说，图像增强处理主要是根据图像质量的一般性质，选择性地加强图像的某些信息、抑制另一些信息，改善图像质量。图像增强处理不会增加图像的信息量，但可使某些图像特征容易识别或检测。可以把常用的数字图像增强处理方法分为对比度增强、图像锐化、图像平滑三类处理，此外，还可包括伪彩色处理。表 C-1 是三类处理的常用方法。

表 C-1　常用图像增强处理的类别与方法

增强处理方法类别	常用处理方法
对比度增强	直方图调整，灰度变换法，直方图均衡化（局部统计方法）
图像锐化	高通滤波法，微分（梯度）法
图像平滑	低通滤波法，中值滤波法（局部平均法），多帧平均法

C.2　对比度增强处理

C.2.1　直方图调整

当整幅图像对比度较小、整幅图像偏暗时，可采用直方图调整处理。即，对图像整体的亮暗分布进行统计，画出其灰度直方图，通过对灰度直方图分析，做调整处理。灰度直方图是图像灰度级分布的函数，表示图像中具有不同灰度级的像素个数，反映图像中不同灰度级出现的频率。任何一幅图像，都可以确定其对应的灰度直方图，不同的图像其灰度直方图不同，从该图可以判断图像的某些特性。

直方图调整处理就是采用变换函数，调整灰度级分布，使图像灰度间距拉开或分布均匀，或突出所关心的灰度级范围。调整图像的灰度直方图，则可改变图像的特性。图 C-1 是一个灰度直方图调整处理实例。

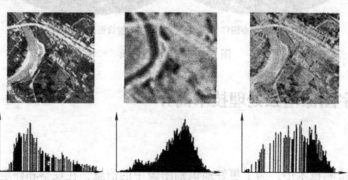

图 C-1　灰度直方图调整处理实例

C.2.2　灰度变换法

对图像上各个像素点的灰度值，采用适当的变换函数，把输入灰度范围变换为输出灰度范围，这就是灰度变换法处理。变换函数可以是线性函数、非线性函数（如幂函数、对数函数等），可以分段采用不同的变换函数，以获得希望的结果。图 C-2 是一分段线性变换（一般称为对比拉伸变换处理）。从图中可见，对于中间段（ab 区）灰度级图像对比度将获得明显增大。在变换后，灰度直方图将同时改变。

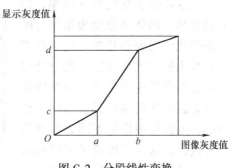

图 C-2　分段线性变换

C.2.3　直方图均衡化（局部统计方法）

当图像中某灰度值的像素数比例很大时，对图像的影响也将很大。反之，若某灰度值的

像素数比例很小时，则其对图像的影响也将很小。从此出发，对图像中像素数比例很大的灰度值展宽，对图像中像素数比例很小的灰度值合并，这种处理就是直方图均衡化。例如，一种处理是依据图像灰度级局部的均值和方差，对每个像素的灰度级分配一新的局部的均值和方差，提高对比度。图 C-3 为直方图均衡化处理的图像与原图像对比。

a) 原图像　　　　　　　b) 直方图均衡化处理后的图像

图 C-3　直方图均衡

C.3　图像锐化处理

C.3.1　高通滤波法

图像轮廓与图像中的急剧变化区对应的是空间高频分量，因此在空间频率域采用高通滤波处理，可以锐化图像轮廓与图像急剧变化区边缘，使图像清晰，可以构成不同的高通滤波函数，完成高通滤波处理。例如，一种高通滤波函数（称为理想高通滤波器）是对低于一定频率（截止频率）的部分均置为 0（其傅里叶变换的传递函数均置为 0），对高于该频率部分均无损失地（其傅里叶变换的传递函数置为 1）通过。图 C-4 是一图像高通滤波处理的情况。

图 C-4　高通滤波处理图像对比（左为原图像）

C.3.2　微分（梯度）法

微分运算是求变化率（斜率、梯度）的运算，因此微分处理结果与图像点的变化情况密切相关。对于图像轮廓及其中的突然变化区，微分处理后将增大图像的变化幅度，使图像轮廓、变化区边缘得到增强。实际微分处理时，可以按图像的不同方向或其组合等进行，这样就形成了不同的微分处理（微分算子），获得不同的处理结果。图C-5是一图像微分处理的情况。

图 C-5　微分法处理图像对比（左为原图像）

C.4　图像平滑处理

图像平滑处理的目的是消除噪声。噪声有不同来源，特征不同。例如，频谱均匀分布的噪声称为白噪声，幅值基本相同、出现位置随机的噪声称为椒盐噪声等。在数字射线检测技术中，图像平滑处理的主要方法是低通滤波法、中值滤波法、多帧平均法。

C.4.1　低通滤波法

图像噪声的灰度值改变迅速，从空间频率角度，处于高频部分，因此通过低通滤波法可以降低图像噪声。低通滤波法可以采用低通滤波函数实现。不同低通滤波函数特点不同，去除含在空间高频分量中的图像噪声特点不同。

C.4.2　中值滤波法（局部平均法）

采用一个像素邻域内各点的灰度级的平均值（或中间值），代替该像素的灰度级，降低噪声的方法。中值滤波法处理时需要选择中值滤波器窗口（即局部平均区的形状、大小），不同形状窗口处理效果不同。常用窗口形状有线状、十字状、正方形状等。最佳窗口很难事先选定。中值滤波处理对脉冲状噪声、点状噪声具有很好的去除效果，图C-6是一中值滤波法去除椒盐噪声图例。

图 C-6　中值滤波法去除椒盐噪声图例（左为含噪声图像）

C.4.3　多帧平均法

当图像噪声为加性噪声，即噪声对于坐标点互不相关，且平均值为零，则可采用多帧平均法处理。多帧平均法（多图像平均法）常称为积分处理，采用多幅图像叠加削弱噪声。在应用时，必须使多幅图像的像素准确对应叠加。

C.5　伪彩色处理

一般认为，人眼可分辨的不同色彩可达千种以上，但对于从黑到白仅可分辨 20 多个灰度级。因此在灰度图像中，当不同细节的灰度值相差较小时，人眼不能识别。但若将灰度值变换为不同颜色，则可能被人眼识别。伪彩色处理就是将灰度图像的各像素，按其灰度值以一定规则赋予对应的不同颜色，将灰度图像转换为彩色图像。

可以采用不同的方法实现伪彩色处理。例如，最简单的是将 0 ~ 255 这 256 个灰度级，对应成 256 种色彩，就可以简单地将灰度图像转换为彩色图像。

附录 D　动态数字射线检测技术

对于数字射线检测技术，采用线阵探测器时需要采用动态检测方式。这时，透照需要在工件与射线源（探测器和射线源的位置相对固定）处于相对运动的状态中进行，并在此过程中完成射线检测图像的采集。由此，对射线检测技术控制提出了新的需要考虑的方面，包括透照参数设计、扫描窗口设计、相对运动速度控制等，它们直接影响获得的检测图像质量。下面讨论的是检测图像不清晰度与上述方面的关系问题。

D.1　检测图像不清晰度的一般考虑

对于线阵探测器动态检测方式，基本的相对运动方式是平移运动。实际检测中，一般是工件运动、射线源和探测器处于静止状态。图 D-1 是透照布置示意图，其中 W 为探测器窗口在平移（扫描）运动方向的宽度。

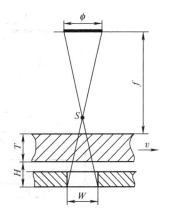

由于检测图像在相对运动中采集，因此将引入运动不清晰度。运动不清晰度本质上可认为是相对运动改变了射线源焦点尺寸，从而导致几何不清晰度改变。如果记这时的几何不清晰度为 U_G，则检测技术不清晰度应为

$$U^2 = U_G^2 + U_D^2 \quad \text{或} \quad U^3 = U_G^3 + U_D^3$$

检测图像不清晰度将为

$$U_{im} = \frac{1}{M}\sqrt{U_G^2 + U_D^2} \quad \text{或} \quad U_{im} = \frac{1}{M}\sqrt[3]{U_G^3 + U_D^3}$$

图 D-1　线阵探测器平移运动
透照布置示意图

为了确定检测图像不清晰度，显然需要知道动态检测方式的几何不清晰度。

D.2　动态检测方式几何不清晰度的考虑方法

对于线阵探测器平移运动检测方式的几何不清晰度，可如图 D-2 进行考虑。

观察工件源侧表面某一点 A，在检测过程中其将依次过 1、2、3、4 点位置。在 1、2 点间和 3、4 点间，都是部分射线源成像过程，即形成半影区的过程。从图中可见，在 2 点的成像形成左侧最大半影区，在 3 点的成像形成右侧最大半影区，它们共同决定了成像的半影区宽度，即动态检测方式的几何不清晰度，也就是运动不清晰度。图中阴影区给出了一种确

定动态检测方式几何不清晰度（运动不清晰度）的具体处理方法。

D. 3 动态检测方式的几何不清晰度

对于线阵探测器平移运动检测过程，对不同的射线源尺寸、源到工件表面距离、扫描窗口宽度、扫描窗口与工件表面距离，按照上面的说明处理时需要区分具体情况。例如，可以按图 D-3 区分为三种情况讨论动态检测方式的几何不清晰度。

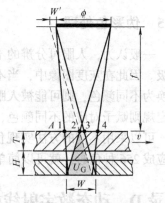

图 D-2 线阵探测器平移运动检测方式的几何不清晰度

从图 D-3 可看到，当工件表面 A 点通过扫描窗口区时，它形成的半影区如图中阴影区。阴影区在成像面（探测器处）的宽度，与透照布置参数、扫描窗口参数都相关。在其他参数固定下，扫描窗口宽度不同，在成像面（探测器处）上形成的阴影区宽度不同。也即动态检测方式的几何不清晰度不同。在图 D-3b 中显示了三个不同扫描窗口宽度情况。对于三个不同扫描窗口宽度，进入探测器的射线束交点 S 可以处于工件射线源侧表面上方、射线源侧表面、射线源侧表面下方（探测器侧）不同位置。采用符号 Δ 表示交点 S 与工件射线源侧表面距离，区分为三种情况，则可简单讨论动态检测方式时的几何不清晰度。

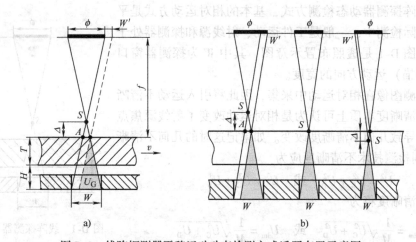

图 D-3 线阵探测器平移运动动态检测方式透照布置示意图

D. 3. 1 交点 S 位于工件源侧表面上方

采用图 D-3a 图符号，从几何不清晰度半影区概念应有

$$U_G = \frac{(\phi + W')(T + H)}{f} \qquad (D-1)$$

式中出现的 W' 可认为是由动态检测方式引起的射线源尺寸改变的量值。按照图中的三角形相似关系有

$$\frac{\phi}{f - \Delta} = \frac{W}{T + H + \Delta}$$

得到

$$\Delta = \frac{fW - \phi(T+H)}{\phi + W} \qquad (D\text{-}2)$$

因有

$$\frac{\Delta}{W'} = \frac{f-\Delta}{\phi}$$

所以

$$W' = \frac{\Delta\phi}{f-\Delta} \qquad (D\text{-}3)$$

将式（D-2）代入式（D-3），整理得到

$$W' = \frac{fW - \phi(T+H)}{f + (T+H)} \qquad (D\text{-}4)$$

将式（D-4）代入式（D-1），整理则得到

$$U_G = \frac{(\phi + W)(T+H)}{f + T + H}$$

实际上，若按图中采用 $U_G = W - W'$，同样可得到上面的关系式。

D.3.2　交点 S 位于工件源侧表面

这时有 $W' = 0$，由式（D-1）可简单得到

$$U_G = \frac{\phi(T+H)}{f} = W$$

也即，在设计的窗口宽度满足下面关系时

$$W = \frac{\phi(T+H)}{f}$$

动态检测方式几何不清晰度简单等于窗口宽度。

D.3.3　交点 S 位于工件源侧表面下方（探测器侧）

按照图 D-3 有

$$U_G = \frac{(\phi - W')(T+H)}{f} - W' = W$$

也就是

$$W' = -\frac{fW - \phi(T+H)}{f + (T+H)}$$

这些关系式给出了线阵探测器平移运动动态检测方式时，射线源焦点尺寸、源到工件表面距离、扫描窗口与工件表面距离、扫描窗口宽度之间的关系。它们可作为设计这些技术参数的依据。

对于动态检测方式的技术控制，除了上面讨论的几何不清晰度，由于工件仅在通过扫描窗口区才产生形成检测图像的曝光，因此还必须考虑曝光量问题。显然，扫描速度（相对运动速度）与窗口宽度直接决定了曝光量。也就是，在设计扫描窗口宽度时，还需要考虑其对曝光量的影响。

动态检测方式的技术控制，对扫描运动控制除了扫描速度还应控制速度稳定性。扫描速度的稳定性（或说相对运动的稳定性）将影响曝光的均匀性。

动态检测方式也可以采用旋转运动方式完成。常见的旋转运动动态检测方式主要用于圆筒形工件。工件以适当速度围绕圆心轴旋转，在旋转过程中完成射线检测图像拾取。由于工件直径较大、扫描窗口宽度小，工件通过扫描窗口时可近似认为处于平移运动状态，涉及的工件范围也可以近似认为是平面工件。因此，对它的技术控制，粗略地可按上面平移运动动态检测方式考虑。图 D-4 显示了旋转运动动态检测方式的透照布置示意图。

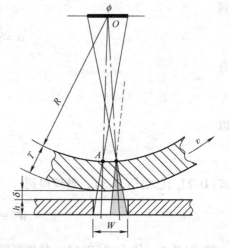

图 D-4　旋转运动动态检测方式透照布置示意图

附录 E　射线检测技术系统的调制传递函数

按照成像过程基本理论，成像系统（线性平移不变系统）点扩散函数（或线扩散函数）的傅里叶变换给出系统的传递函数，传递函数的幅度部分称为调制传递函数。调制传递函数表征了成像系统的空间频率响应特性。因此从成像过程基本理论考虑，给出射线检测技术系统的调制传递函数，就可以理解不同射线检测技术系统的缺陷检测能力。

下面介绍采用矩形函数和指数函数近似射线检测技术系统的线扩散函数，建立射线检测技术系统调制传递函数的过程。

E.1　调制传递函数

E.1.1　调制度概念

对于按正弦分布的信号，按图 E-1 所给符号，调制度 M 定义为

$$M = \frac{I_{max} - I_{min}}{I_{max} + I_{min}} \tag{E-1}$$

按定义，图 E-2a 的调制度为 1，而图 E-2b 的调制度为 0。

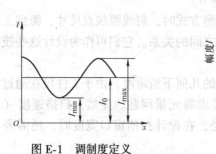

图 E-1　调制度定义

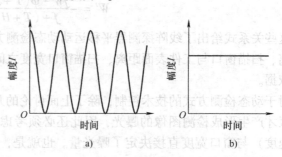

图 E-2　调制度例

调制度与日常使用的对比度概念存在差别。例如，按图 E-1，通常对比度 C 定义为

$$C = \frac{I_{\max} - I_0}{I_0} = \frac{\Delta I}{I_0}$$

也有文献认为两者是同一概念，仅名称不同。实际上这是对于正弦分布情况。按图 E-1，容易得到

$$M = \frac{I_{\max} - I_{\min}}{I_{\max} + I_{\min}} = \frac{2\Delta I}{2I_0} = \frac{\Delta I}{I_0} = C$$

E.1.2　调制传递函数概念

一个按正弦分布的物，由成像系统给出的像仍然是同一频率的正弦分布，但像调制度下降（同时相位可能发生移动）。图 E-3 示意性地显示了调制度在成像过程中的变化。图中，实线正弦曲线是输入（物），虚线正弦曲线是输出（像）。像调制度的下降，与成像系统特性和物的空间频率相关。图 E-4 显示了对于确定的成像系统物空间频率改变的影响情况。在成像理论中，采用调制传递函数表示成像系统的这方面特性。调制传递函数通常记为 MTF。

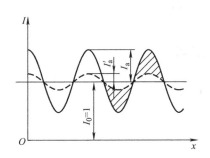

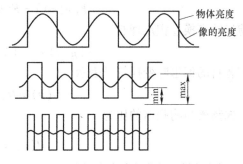

图 E-3　成像过程调制度的变化（见虚线）　　　图 E-4　不同空间频率细节的调制度改变

对于物为正弦分布时，调制传递函数定义为像调制度（输出调制度）与物调制度（输入调制度）之比与物频率的关系。即，成像系统对某空间频率为 ν 的细节，其调制传递函数值为

$$\mathrm{MTF}(\nu) = \frac{M_{\mathrm{I}}(\nu)}{M_0(\nu)} \tag{E-2}$$

若记图 E-3 中，输入正弦幅度为 A_0，输出正弦幅度为 A，则可以得到

$$\mathrm{MTF}(\nu) = \frac{M_{\mathrm{I}}(\nu)}{M_0(\nu)} = \frac{A/I_0}{A_0/I_0} = \frac{A}{A_0}$$

就是说，对于物为正弦分布情况，调制传递函数给出了不同空间频率细节对比度的改变比。

一般情况，调制传递函数表示（定义）的是像与物分布的傅里叶变换之比。

E.1.3　调制传递函数曲线

成像系统对不同空间频率细节调制度的改变与其空间频率的关系曲线，就是成像系统的调制传递函数曲线，曲线的一般样式如图 E-5 所示。

从调制传递函数曲线，按照细节识别判据可确定成像系统（检测技术系统）的细节识

别能力；按照细节可分辨判据可给出该成像系统（检测技术系统）可分辨细节的空间频率（或细节尺寸）。可见，成像系统（检测技术系统）的调制传递函数，给出了成像系统（检测技术系统）的缺陷检验基本能力。

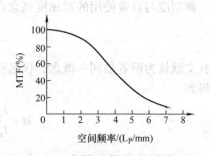

图 E-5　调制传递函数曲线的典型样式

E.1.4　调制传递函数理论

一般情况，调制传递函数表示的是像与物分布的傅里叶变换之比。从此，可从理论上给出成像系统的调制传递函数。

记成像系统的点扩散函数为 $h(x)$，像函数为 $g(x)$，物函数为 $f(x)$。对于常见的线性系统，它们之间的关系为

$$g(x) = h(x) * f(x)$$

对它进行傅里叶变换得到

$$F[g(x)] = F[h(x) * f(x)]$$

按照傅里叶变换卷积定理有

$$F[g(x)] = F[h(x)]F[f(x)]$$

用它们各自的傅里叶变换符号表示

$$G(\nu) = H(\nu)F(\nu)$$

这样，像频谱与物频谱的比为

$$H(\nu) = \frac{G(\nu)}{F(\nu)}$$

$H(\nu)$ 称为成像系统的传递函数，一般为一复数，可以写成模与幅角积的形式，即

$$H(\nu) = T(\nu)\theta(\nu)$$

式中　$T(\nu)$——调制传递因子；

$\quad\quad\theta(\nu)$——相位传递因子。

$T(\nu)$ 就是像与物分布的傅里叶变换之比，也就是一般定义的调制传递函数，即

$$\mathrm{MTF} = T(\nu) = \frac{M_1}{M_0}$$

从此看到，从成像系统点扩散函数的傅里叶变换，可确定成像系统的调制传递函数。当成像系统的点扩散函数为对称形式，传递函数无相位移动，简单地有

$$H(\nu) = T(\nu)$$

也就是，这时从成像系统点扩散函数的傅里叶变换直接就可确定调制传递函数。

E.2　线扩散函数、边扩散函数与不清晰度

对于平面成像情况，可以采用线扩散函数代替点扩散函数。线扩散函数是成像系统对线物体所成的像，也就是对线物体的响应，其是点扩散函数在某方向叠加形成的函数。线扩散函数常记为 $L(x)$。在成像理论研究中，还引入了边扩散函数（ESF）。边扩散函数是成像系

统对直边所成的像，也就是对直边物体的响应。对于线性平移不变系统，它可写为一维函数，常记为 $E(x)$。

线扩散函数与边扩散函数二者的关系为

$$E(x) = \int_{-\infty}^{x} L(z)\, \mathrm{d}z$$

$$L(x) = \frac{\mathrm{d}E(x)}{\mathrm{d}x}$$

（E-3）

即，边扩散函数是线扩散函数曲线下的面积，而线扩散函数可从边扩散函数曲线的导数得到。图 E-6 画出了线扩散函数和对应的边扩散函数（或边扩散函数和对应的线扩散函数）曲线。

显然，射线检测技术经常使用的不清晰度曲线就是边扩散函数曲线，因此对于射线检测

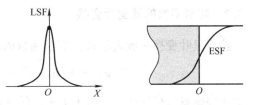

图 E-6　成像系统的线扩散函数和边扩散函数

技术系统，只要给出其不清晰度曲线，就可确定其线扩散函数。从这里可以深入理解射线检测技术的不清晰度对于射线检测技术检测能力的作用。

E. 3　矩形函数近似处理

如果射线检测技术（系统）的不清晰度曲线采用直线，按照边扩散函数与线扩散函数基本关系，则可用矩形函数近似射线检测技术的线扩展函数。从傅里叶变换给出调制传递函数计算式的过程如下。

E. 3. 1　矩形函数——线扩散函数导出

记射线检测技术（系统）的不清晰度为 U，则直线不清晰度曲线函数关系应写为

$$U(x) = \frac{1}{U}x + \frac{1}{2}$$

（E-4）

按边扩散函数与系统线扩展函数 $L(x)$ 关系（图 E-7），即式(E-3)，可得到射线检测技术系统的线扩展函数

$$L(x) = \frac{1}{U}$$

（E-5）

即，对应的线扩展函数为矩形函数（门函数）。

矩形函数记为 $h(x)$，如图 E-8 所示，按一般写法，记其高度为 A，宽度为 $T/2$，对称分布。

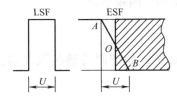

图 E-7　直线不清晰度对应的线扩展函数

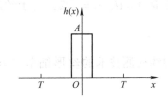

图 E-8　矩形函数

则应有

$$A = \frac{1}{U} \quad (\text{不清晰度直线的斜率值})$$

$$U = \tau = T/2$$

也就是，该矩形函数为

$$h(x) = A \quad (-\tau \leqslant x \leqslant \tau)$$

$$h(x) = 0 \quad (x \text{ 为其他值})$$

E.3.2　矩形函数的傅里叶变换

按傅里叶变换一般表示式，矩形函数的傅里叶变换函数为

$$H(\nu) = F[h(x)] = \int_{-\infty}^{\infty} h(x)\exp[-j2\pi\nu x]dx \tag{E-6}$$

由于矩形函数仅在区间 $[-T/4, T/4]$ 有为 A 的值，式(E-6) 可改写为

$$H(\nu) = \int_{-T/4}^{T/4} A\exp[-j2\pi\nu x]dx$$

利用积分公式

$$\int \exp[au]du = \frac{\exp[au]}{a} + C$$

计算该积分，得到

$$H(\nu) = \frac{A}{-j2\pi\nu}e^{-j2\pi\nu x}\Big|_{-T/4}^{T/4}$$

$$H(\nu) = A\frac{\sin\left(\frac{\pi\nu T}{2}\right)}{\pi\nu}$$

由于该矩形函数的傅里叶变换为实数（因矩形函数选为对称分布，必然如此），因此对其幅度部分 $T(\nu)$ 有

$$T(\nu) = H(\nu) = A\frac{\sin\left(\frac{\pi\nu T}{2}\right)}{\pi\nu} \tag{E-7}$$

E.3.3　丝形细节的调制传递函数

式(E-7) 就是射线检测技术系统，在不清晰度采用直线近似下的调制传递函数。可写成

$$\text{MTF} = \frac{A}{\pi\nu}\sin\left(\frac{\pi\nu T}{2}\right) \tag{E-8}$$

对于丝形细节（直径为 d），将式(E-8) 中相关参数转换到讨论的射线检测技术的相关参数。因前面有 $A = U$，$U = T/2$，对于丝形细节，其对应的空间频率为

$$\nu = \frac{1}{2d}$$

这样得到射线检测技术的丝形细节（丝型像质计金属丝）的调制传递函数（调制度）计算式

$$\text{MTF} = \frac{2d}{\pi U}\sin\left(\frac{U}{d}\times 90°\right) \tag{E-9}$$

E. 4　指数函数近似——傅里叶变换理论处理

射线检测技术的不清晰度整体曲线实际更接近指数函数曲线,下面给出射线检测技术(系统)不清晰度曲线采用指数函数曲线时的调制传递函数处理。

E. 4. 1　射线检测技术的指数函数不清晰度曲线

射线检测技术的指数函数不清晰度曲线如图 E-9 所示。

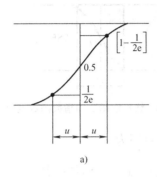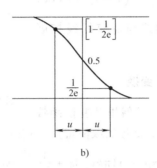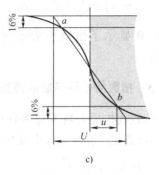

图 E-9　指数函数与不清晰度曲线关系

引入参数 u 后可写出不清晰度曲线的指数函数关系。对图 E-9a 中的不清晰度曲线,其指数函数方程为

$$U(x) = \frac{1}{2}\exp[x/u] \qquad\qquad 对\ x < 0 \qquad\qquad (E-10)$$

$$U(x) = 1 - \frac{1}{2}\exp[-x/u] \qquad 对\ x > 0 \qquad\qquad (E-11)$$

对图 E-9b 中的不清晰度曲线,其指数函数关系则为

$$U(x) = \frac{1}{2}\exp[x/u] \qquad\qquad 对\ x > 0$$

$$U(x) = 1 - \frac{1}{2}\exp[-x/u] \qquad 对\ x < 0$$

其不清晰度值由过图中二特定点 "1/(2e)" 的直线确定。从此,可简单给出 U 与 u 之间的关系。如图 E-9c 所示,因特定点纵坐标选定在差为 "1/(2e)" 点位置,故有

$$\frac{U/2}{u} = \frac{0.5}{0.5 - 1/(2e)} = \frac{0.5}{0.3160} = 1.5823$$

则有 u 与不清晰度值 U 的关系为

$$U \approx 3.16u$$

另外,也经常将特定点纵坐标选定在差为 "0.16" 点的位置,这时有

$$\frac{U/2}{u} = \frac{0.5}{0.5 - 0.16} = 1.4705$$

则有 u 与不清晰度值 U 的关系为 $U \approx 2.94u$。在射线检测技术中,通常处理时采用

$$U \approx 3u \qquad\qquad\qquad\qquad\qquad (E-12)$$

E.4.2 指数函数不清晰度曲线对应的线扩展函数

同样，按照边扩散函数与系统线扩展函数关系，则可得到射线检测技术系统的线扩展函数。记线扩展函数为 $h(x)$，则有

$$h(x) = \frac{1}{2u}\exp[x/u] \qquad (x \leqslant 0) \quad (\text{E-13})$$

$$h(x) = \frac{1}{2u}\exp[-x/u] \qquad (x \geqslant 0) \quad (\text{E-14})$$

图 E-10 显示了指数不清晰度曲线与对应的线扩展函数。

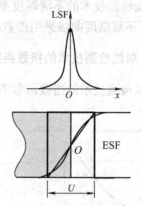

图 E-10 线扩散函数的指数函数近似

E.4.3 指数线扩展函数的傅里叶变换

指数线扩展函数为对称分布，其傅里叶变换函数可按式（E-6）求出。按指数线扩展函数的取值特点，式（E-6）可写为

$$H(\nu) = \frac{1}{2u}\int_{-\infty}^{0} \exp[x/u]\exp[-j2\pi\nu x]\mathrm{d}x + \frac{1}{2u}\int_{0}^{\infty} \exp[-x/u]\exp[-j2\pi\nu x]\mathrm{d}x$$

整理后得

$$H(\nu) = \frac{1}{2u}\int_{-\infty}^{0} \exp\left[\left(\frac{1}{u} - j2\pi\nu\right)x\right]\mathrm{d}x + \frac{1}{2u}\int_{0}^{\infty} \exp\left[-\left(\frac{1}{u} + j2\pi\nu\right)x\right]\mathrm{d}x$$

计算得到

$$H(\nu) = \frac{1}{2u}\left[\frac{1}{\frac{1}{u} - j2\pi\nu} + \frac{1}{\frac{1}{u} + j2\pi\nu}\right]$$

改写该式得到

$$H(\nu) = \frac{(1/u)^2}{(1/u)^2 + (2\pi\nu)^2}$$

引用 $U = 3u$ 关系，可改写为

$$H(\nu) = \frac{(3/U)^2}{(3/U)^2 + (2\pi\nu)^2}$$

由于该指数函数的傅里叶变换为实数，因此对其幅度部分 $T(\nu)$ 有

$$T(\nu) = H(\nu) = \frac{(3/U)^2}{(3/U)^2 + (2\pi\nu)^2} \qquad (\text{E-15})$$

E.4.4 丝形细节的调制传递函数

式（E-15）就是射线检测技术系统在不清晰度曲线采用指数函数下的调制传递函数。可写成

$$\text{MTF} = \frac{(3/U)^2}{(3/U)^2 + (2\pi\nu)^2} \qquad (\text{E-16})$$

对于丝形细节（直径为 d），将式（E-16）中相关参数转换为讨论的射线检测技术的相关参数。

因丝形细节（丝型像质计金属丝）对应的空间频率为

$$\nu = \frac{1}{2d}$$

这样得到射线检测技术（系统）丝形细节（丝型像质计金属丝）的调制传递函数（调制度）计算式

$$MTF = \frac{(3/U)^2}{(3/U)^2 + (\pi/d)^2} \tag{E-17}$$

E.5　两种函数的比较

为比较两种函数，对不同的 U/d 计算得到的结果列在表 E-1 中。可见两种函数间存在较大差别。从两种近似处理所基于的不清晰度曲线关系，可以理解其差别。

表 E-1　矩形函数近似与指数函数近似比较

	U/d	3	2	1.8	1.65	1.6	1.0	0.5	0.1
MTF	矩形	0	0	0.1093	0.2016	0.2338	0.6366	0.9003	0.9959
	指数	0.0920	0.1856	0.2196	0.2509	0.2626	0.4769	0.7848	0.9891

另一种比较两种近似的方法是采用双丝型像质计的测定图像。

图 E-11 是 ISO17636-2：2013 标准附录 C 给出的非晶硅 DDA 检测图像测定不清晰度的双丝型像质计灰度分布轮廓曲线。表 E-2 列出的是按标准中对图 E-11 给出的 D7 谷深 28.3%、D8 谷深 9.9%数据确定探测器不清晰度值下的 MTF 两种近似计算值与图中值的比较，可看到它们在不同段显示不同的近似程度情况。

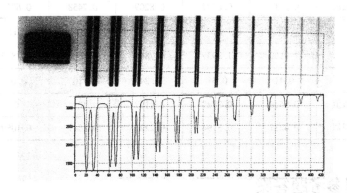

图 E-11　非晶硅 DDA 双丝型像质计灰度分布轮廓曲线（ISO 17636-2：2013）

表 E-2　矩形函数近似及指数函数近似与试验比较（$U = 0.3561mm$）

双丝 IQI		D1	D2	D3	D4	D5	D6	D7	D8
U/d		0.4451	0.5652	0.7122	0.8902	1.1128	1.4244	1.7805	2.2256
MTF 图计算值		0.82	0.74	0.68	0.56	0.46	0.30	0.16	0.05
MTF	矩形	0.9205	0.8737	0.8041	0.7045	0.5631	0.3512	0.1208	0
	指数	0.8215	0.7405	0.6426	0.5350	0.4241	0.3101	0.2234	0.1555

图 E-12 是某 IP 探测器系统（扫描点尺寸为 50μm）检测图像测定不清晰度的双丝型像质计灰度分布轮廓曲线（编号为 1–11 丝对）。表 E-3 列出的是 MTF 两种近似计算值与试验值的比较，可看到它们在不同段显示不同的近似程度情况。

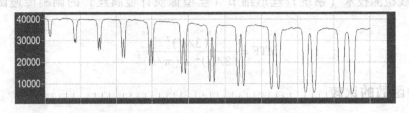

图 E-12 IP 板探测器系统（扫描点 50μm）双丝型像质计灰度分布轮廓曲线

从表 E-2、表 E-3 结果，可以做出初步判断：对于双丝型像质计轮廓图像的调制度，指数函数近似在不清晰度与双丝直径比小于 2 时具有较好的近似，此后近似值偏大。矩形函数近似在不清晰度与双丝直径之比小于 2 时近似值偏大，此后近似值偏小。

希望给出更好的近似处理。

表 E-3 矩形函数近似及指数函数近似与试验比较（IP 板系统；实际 U=0.2230mm）

双丝 IQI		D1	D2	D3	D4	D5	D6
U/d		0.2787	0.3539	0.4460	0.5575	0.6969	0.8920
MTF 图计算值		0.90	0.85	0.80	0.77	0.63	0.50
MTF	矩形近似值	0.9683	0.9492	0.9202	0.8770	0.8119	0.7034
	指数近似值	0.9215	0.8792	0.8209	0.7458	0.6525	0.5340
双丝 IQI		D7	D8	D9	D10	D11	D12
U/d		1.1150	1.3937	1.7840	2.2300	2.7875	3.5397
MTF 图计算值		0.41	0.31	0.24	0.10	0.05	—
MTF	矩形近似值	0.5616	0.3721	0.1187	0	0	0
	指数近似值	0.4231	0.3194	0.2227	0.1549	0.1050	0.0678

附录 F 复习参考题答案

第 1 章 复习题参考答案

一、选择题（将唯一正确答案的序号填在括号内）

1. D   2. A   3. D   4. C

二、判断题（对下列叙述作正确或错误判断，正确的划○，错误的划×）

1. ×   2. ○   3. ○   4. ×

三、问答题（略）

第 2 章　复习题参考答案

一、选择题（将唯一正确答案的序号填在括号内）

1. B　2. D　3. D　4. D　5. A　6. A　7. A　8. A　9. A

10. B　11. D　12. C　13. B　14. B　15. C　16. D

二、判断题（对下列叙述作正确或错误判断，正确的划〇，错误的划×）

1. 〇　2. 〇　3. 〇　4. 〇　5. 〇　6. ×　7. ×　8. ×　9. ×

10. 〇　11. 〇　12. ×　13. 〇　14. ×　15. 〇　16. ×

三、问答题（略）

第 3 章　复习题参考答案

一、选择题（将唯一正确答案的序号填在括号内）

1. B　2. A　3. B　4. B　5. B　6. D　7. D　8. C　9. A

10. D　11. D　12. D

二、判断题（对下列叙述作正确或错误判断，正确的划〇，错误的划×）

1. 〇　2. 〇　3. ×　4. 〇　5. 〇　6. 〇　7. ×　8. 〇　9. 〇

10. 〇　11. 〇　12. 〇

三、计算题

1. 答案：0.125mm

2. 答案：0.36mm（平方关系）或 0.33mm（立方关系）

四、问答题（略）

第 4 章　复习题参考答案

一、选择题（将唯一正确答案的序号填在括号内）

1. A　2. C　3. C　4. D　5. A　6. C　7. C　8. B　9. D

10. C　11. C　12. A

二、判断题（对下列叙述作正确或错误判断，正确的划〇，错误的划×）

1. 〇　2. ×　3. 〇　4. 〇　5. 〇　6. ×　7. 〇　8. ×　9. ×

10. 〇　11. ×　12. ×

三、计算题

1. 0.08mm　　2. 2倍　　3. 0.33mm（平方关系）；0.30mm（立方关系）

4. 0.188mm（平方关系）；0.191mm（立方关系）

四、问答题（略）

第 5 章　复习题参考答案

一、选择题（将唯一正确答案的序号填在括号内）

1. D　2. B　3. D　4. C　5. C　6. A　7. C　8. B

二、判断题（对下列叙述作正确或错误判断，正确的划〇，错误的划×）

1. 〇　2. 〇　3. ×　4. 〇　5. 〇　6. ×　7. 〇　8. ×　9. 〇

10. ○

三、问答题（略）

第6章　复习题参考答案

一、选择题（将唯一正确答案的序号填在括号内）

1. D　　2. D

二、判断题（对下列叙述作正确或错误判断，正确的划○，错误的划×）

1. ×　　2. ○

三、问答题（略）

参 考 文 献

[1] 丁富荣，等．辐射物理 [M]．北京：北京大学出版社，2004.

[2] 江文杰，等．光电技术 [M]．北京：科学出版社，2009.

[3] 王云珍．半导体 [M]．北京：科学出版社，1986.

[4] 邵晓鹏，等．光电成像与图像处理 [M]．西安：西安电子科技大学出版社，2015.

[5] Patrick O. Moore, Nondestructive Testing Handbook：Volume 4 Radiographic Testing [M]．3rd ed. American Society for Nondestrutive testing, 2002.

[6] 邹异松．电真空成像器件及理论分析 [M]．北京：国防工业出版社，1989.

[7] 曾光宇，等．光电检测技术 [M]．2版．北京：清华大学出版社，2005.

[8] 付小宁，等．光电探测技术与系统 [M]．北京：电子工业出版社，2010.

[9] 汪贵华．光电子器件 [M]．2版．北京：国防工业出版社，2014.

[10] 王庆有．图像传感器应用技术 [M]．2版．北京：电子工业出版社，2013.

[11] 向世明．现代光电子成像技术概论 [M]．2版．北京：北京理工大学出版社，2013.

[12] 汪贵华．光电子器件 [M]．北京：国防工业出版社，2009.

[13] 曾树荣．半导体器件物理基础 [M]．2版．北京：北京大学出版社，2007.

[14] 安毓英，等．光电子技术 [M]．北京：电子工业出版社，2002.

[15] 王庆有．光电技术 [M]．北京：电子工业出版社，2005.

[16] 宋丰华．现代光电器件技术及应用 [M]．北京：国防工业出版社，2004.

[17] 杨永才，等．光电信息技术 [M]．上海：东华大学出版社，2002.

[18] 张广军．光电测试技术 [M]．北京：中国计量出版社，2003.

[19] 赖祖武，等．抗辐射电子学 [M]．北京：国防工业出版社，1998.

[20] 江藤秀雄，等．辐射防护 [M]．崔朝晖，译．北京：原子能出版社，1986.

[21] Gerhard Lutz. 半导体辐射探测器 [M]．刘忠立，译．北京：国防工业出版社，2004.

[22] 曹建中．半导体材料辐射效应 [M]．北京：科学出版社，1993.

[23] 陈盘训．半导体器件和集成电路的辐射效应 [M]．北京：国防工业出版社，2005.

[24] 谷口庆治．数字图像处理：基础篇 [M]．朱虹，等译．北京：科学出版社，2002.

[25] 王应生，徐亚宁，等．信号与系统 [M]．北京：电子工业出版社，2003.

[26] 吴湘淇．信号与系统 [M]．3版．北京：电子工业出版社，2009.

[27] 杨忠根，任蕾，等．信号与系统 [M]．北京：电子工业出版社，2009.

[28] 范世贵，李辉．信号与线性系统 [M]．2版．西安：西北工业大学出版社，2006.

[29] 潘双来，邢丽东．信号与线性系统 [M]．北京：清华大学出版社，2006.

[30] 狄长安，陈捷，等．工程测试技术 [M]．北京：清华大学出版社，2008.

[31] 邱德润，陈日新，等．信号、系统与控制理论：上册 [M]．北京：北京大学出版社，2009.

[32] 蒋刚毅，杭国强，等．信号与线性系统 [M]．北京：清华大学出版社，2012.

[33] 刘文耀．数字图像采集与处理 [M]．北京：电子工业出版社，2007.

[34] 阎敬文．数字图像处理 [M]．北京：国防工业出版社，2007.

[35] 刘纪红，孙宇舸，等．数字信号处理原理与实践 [M]．北京：国防工业出版社，2009.

[36] 韩晓军．数字图像处理技术与应用 [M]．北京：国防工业出版社，2009.

[37] 刘直芳，王运琼，等．数字图像处理与分析 [M]．北京：清华大学出版社，2006.

[38] 贾永红．数字图像处理 [M]．2版．武汉：武汉大学出版社，2010.

[39] Mark Owen. 实用信号处理 [M]. 邱天爽, 李丽, 赵林, 译. 北京: 电子工业出版社, 2009.

[40] 江志红. 深入浅出数字信号处理 [M]. 北京: 北京航空航天大学出版社, 2012.

[41] 王之江, 伍树东. 成像光学 [M]. 北京: 科学出版社, 1991.

[42] J D 加斯基尔. 线性系统·傅里叶变换·光学 [M]. 封开印, 译. 北京: 人民教育出版社, 1981.

[43] 麦伟麟. 光学传递函数及其数理基础 [M]. 北京: 国防工业出版社, 1979.

[44] 母国光, 战元龄. 光学 [M]. 2 版. 北京: 高等教育出版社, 2009.

[45] 谢敬辉, 廖宁放, 曹良才. 傅里叶光学与现代光学基础 [M]. 北京: 北京理工大学出版社, 2007.

[46] 金伟其, 胡威捷. 辐射度、光度与色度及其测量 [M]. 北京: 北京理工大学出版社, 2006.

[47] Dr R Halmshaw , Dr JNA Ridvard. A review of digital radiological methods [J]. Brit. J. NDT, 1990, 32 (1): 17.

[48] C G Pollitt, Radiographic Sensitivity [J]. Brit. J. NDT, 1962, 4 (3): 71 – 77.

[49] E L Criscuolo. Correlation of radiographic penetrameters [J]. Materials research & standards, 1963, 3(6): 465 – 471.

[50] E L Criscuolo. Radiography and visual perception [J]. Nondestructive testing, 1962, 20(6): 373 – 401.

[51] Halmshaw R. Industrial Radiology : Theory and Practice [M]. New Jersey: Applied Science Publishers LTD, 1982.

[52] 石井勇五郎. 无损检测学 [M]. 吴义, 等译, 北京: 机械工业出版社, 1986.

[53] 郑世才. 射线实时成像检验技术与射线照相检验技术的等价性讨论 [J]. 无损检测, 2003, 25(10): 500 – 503.

[54] 郑世才. 数字射线无损检测技术 [M]. 北京: 机械工业出版社, 2012.

[55] 郑世才. 数字射线检测技术的细节识别理论 [J]. 无损探伤, 2016, 40(2): 12 – 15.

[56] Uwe Zscherpel, Uwe Ewert , Klaus Bavendiek. Possibilities and limits of digital industrial radiology – The new high contrast sensitivity technique – Examples and system theoretical analysis [C]// International symposium on digital industrial radiology and computed tomography, June 25 – 27, 2007, Lyon, France

[57] K Bavendiek, U Heike, W D Meade, et al. New digital radiography procedure exceeds film sensitivity considerably in aerospace application [C]//9th ECNDT, Berlin, 25 – 29. 9. 2006, ProceedingsCD, NDTNETpublication. http: //www. ndt. net/article/ecndt2006/doc/TH. 3. 2. 1. pdf.

[58] J Sekita. Industrial X – ray radiography in Japan [J]. INSIGHT, 1998, 40(4): 255 – 259.

[59] 罗文宗, 等. 放射化学分析 [M]. 北京: 科学出版社, 1988.

[60] 袁汉镕, 等. 物理学词典: 原子核物理学分册 [M]. 北京: 科学出版社, 1988.

[61] 马礼敦. 近代 X 射线多晶体衍射 [M]. 北京: 化学工业出版社, 2004.

[62] 李景镇. 光学手册 [M]. 2 版. 西安: 陕西科学技术出版社, 2010.

[63] 王晓庆. 医用 X 射线机工程师手册 [M]. 北京: 中国医药科技出版社, 2009.

[64] 于军胜. 显示器件技术 [M]. 北京: 国防工业出版社, 2010.

[65] 应根裕, 等. 平板显示器应用技术手册 [M]. 北京: 电子工业出版社, 2007.

[66] Dan Gookin. 数字扫描与照相 [M]. 范彦, 译. 北京: 北京大学出版社, 2002.

[67] 牟书海, 张磊, 等. 扫描仪使用与维修 [M]. 北京: 新时代出版社, 2000.

[68] 余东峰, 王连成, 等. 数码影像硬件工厂 [M]. 北京: 人民邮电出版社, 2001.

[69] 方开泰, 许建伦. 统计分布 [M]. 北京: 科学出版社, 1987.

[70] 中国科学院数学研究所统计组. 常用数理统计方法 [M]. 北京: 科学出版社, 1979.